Schriftenreihe

Personalwirtschaft

Band 26

ISSN 1439-5258

Verlag Dr. Kovač

Kompetenzmanagement als Herausforderung der Entwicklung der Human Ressourcen

Unter besonderer Berücksichtigung der Mitarbeiter in der zweiten Berufslebenshälfte

Von der Philosophischen Fakultät
der Gottfried Wilhelm Leibniz Universität Hannover
zur Erlangung des Grades einer
Doktorin der Philosophie
Dr. phil.
genehmigte Dissertation

von Dipl. Kauffrau / Dipl. Volkswirtin, Jasmin Balzereit
geboren am 06.09.1979, in Schwäbisch Hall

2009

Referent: Prof. Dr. Lothar Schäffner

Korreferent: Prof. Dr. Volker Heyse

Tag der Promotion: 28. Juli 2009

Jasmin Balzereit

Kompetenzmanagement als Herausforderung der Entwicklung der Human Ressourcen

Unter besonderer Berücksichtigung der Mitarbeiter in der zweiten Berufslebenshälfte

Verlag Dr. Kovač

Hamburg
2010

Verlag Dr. Kovač
Fachverlag für wissenschaftliche Literatur

Leverkusenstr. 13 · 22761 Hamburg · Tel. 040 - 39 88 80-0 · Fax 040 - 39 88 80-55

E-Mail info@verlagdrkovac.de · Internet www.verlagdrkovac.de

Bibliografische Information der Deutschen Nationalbibliothek
Die Deutsche Nationalbibliothek verzeichnet diese Publikation
in der Deutschen Nationalbibliografie;
detaillierte bibliografische Daten sind im Internet
über http://dnb.d-nb.de abrufbar.

ISSN: 1439-5258

ISBN: 978-3-8300-4907-4

Zugl.: Dissertation, Universität Hannover, 2009

Gedruckt auf holz-, chlor- und säurefreiem Papier Alster Digital. Alster Digital ist alterungsbeständig und erfüllt die Normen für Archivbeständigkeit ANSI 3948 und ISO 9706.

Kompetenzmanagement als Herausforderung der Entwicklung der Human Ressourcen

Unter besonderer Berücksichtigung der Mitarbeiter in der zweiten Berufslebenshälfte

In wissens- und dienstleistungsintensiven Unternehmen haben sich die Kompetenzen der Mitarbeiter zu einem zentralen Erfolgsfaktor entwickelt. Für die Wettbewerbsfähigkeit von Unternehmen sind daher der Einsatz, die Entwicklung und die Sicherung der Mitarbeiterkompetenzen erfolgsentscheidend. Das klassische Personalmanagement muss hierzu um die Auseinandersetzung mit zukünftigen Herausforderungen und strategischen Überlegungen der Unternehmensführung erweitert werden. Gerade Kompetenzmanagement ist ohne die Auseinandersetzung mit zukünftig benötigten Mitarbeiterkompetenzen stark reduziert. Es lebt von der Abstimmung mit den strategischen Zielen des Unternehmens. Die vorliegende Arbeit folgt einem deduktiven Aufbau und setzt sich mit der Strategieorientierung des Human Ressourcen Management auseinander, um diese auf das Kompetenzmanagement zu übertragen.

Die deutsche Bevölkerung altert und somit auch das Erwerbspersonenpotential und die Belegschaften in den Unternehmen. Die demographische Entwicklung führt zu der Notwendigkeit Mitarbeiter in der zweiten Berufslebenshälfte als wertvolle Kompetenzträger zu identifizieren und in Kompetenzmanagementsysteme zu integrieren. Ältere Mitarbeiter werden bisher in vergleichsweise geringem Umfang in Kompetenzmanagementsysteme eingebunden. Die Arbeit setzte sich mit den Anforderungen und Herausforderungen, die Mitarbeiter in der zweiten Berufslebenshälfte an das Kompetenzmanagement stellen auseinander. Aufgrund der theoretischen und empirischen Ergebnisse werden Erfolgsfaktoren für die Einbindung der Mitarbeiter in der zweiten Berufslebenshälfte erarbeitet. Voraussetzung für ein generationsübergreifendes strategisches Kompetenzmanagement ist zum Beispiel die Schaffung einer Kompetenzkultur. Diese Kompetenzorientierung ist, neben der Strategieorientierung und den operativen Erfolgsfaktoren der Umsetzung, der entscheidende Erfolgsfaktor des Kompetenzmanagements der Zukunft.

Schlagworte: Human Ressourcen Management, Kompetenzmanagement, Alternde Belegschaft

Competence management as a challenge for the development of human resources

Taking particular consideration for staff in the second half of their working lives

Abstract

In businesses reliant on knowledge and services, staff competences have become a key success factor. In order for businesses to remain competitive, they must consequently develop and secure their staff's competences. The classic management of human resources must therefore be expanded to address future challenges and strategic business management considerations. Competence management in particular will be weakened if the staff competences of the future are not addressed. It will thrive if put in line with the strategic goals of the business. This paper follows a deductive pattern and addresses the strategic orientation of human resources management, in order to apply this to competence management.

The German population is aging, and with it the hiring potential and workforces of businesses. This demographic development is forcing companies to identify staff in the second half of their working lives as valuable staff with competences and to integrate them in competence management systems. At the moment, older members of staff are being included in competence management systems to a comparatively small extent. The paper addresses the requirements and challenges demanded of competence management by staff in the second half of their working lives. The theoretical and empirical results allow a deduction to the factors of success for the inclusion of staff in the second half of their working lives. One of the conditions for cross-generation strategic competence management is, for example, the creation of a competence culture. This competence orientation, along with the strategic orientation and the operative factors of success from implementation, is the decisive factor of success for the new generation of competence management.

Keywords: Human Resources Management, Competence Management, Ageing Workforce

Danksagung

Der Prozess, der zur vorliegenden Veröffentlichung geführt hat, hat mich immer wieder vor Herausforderungen gestellt. Diese am Ende gemeistert zu haben hat mich in meiner persönlichen Entwicklung einen Schritt voran gebracht.

Ich danke ganz herzlich den Professoren Dr. Lothar Schäffner und Dr. Volker Heyse für die Betreuung der Arbeit und ihre umfassende Unterstützung. Herrn Dr. Zawacki-Richter und Herrn Prof. Dr. Erich Barthel möchte ich für den Impuls zur Konkretisierung der Fragestellung danken.

Diese Arbeit ist in der Zeit meiner Tätigkeit bei der IHK Regensburg in einer Stabstelle bei Hauptgeschäftsführer Dr. Jürgen Helmes entstanden. Mein Dank für die Unterstützung gilt Herrn Dr. Helmes aber auch allen Organisations- und Unternehmensvertretern, die mit Ihren Aussagen und Auskünften zur Bildung der Datenbasis für den empirischen Teil der Arbeit beigetragen haben.

Nicht zu Letzt möchte ich mich bei meinem Vater und allen bedanken, die mich in der Zeit der Dissertation begleitet haben. Mein Lebensgefährte Tobias und meine Schwester Rebecca waren mir eine sehr wertvolle Unterstützung.

Herrn Martin Müller danke ich für die Bereitstellung des sibirischen Uhus Mischu, der auf dem Umschlag zu sehen ist.

Jasmin Balzereit

Oktober 2009

KURZINHALTSVERZEICHNIS

1. Problemstellung und Aufbau der Arbeit 1

2. Demographische Entwicklung und die Bedeutung älterer Mitarbeiter 7

3. Mitarbeiter in der zweiten Berufslebenshälfte 39

4. Human Ressourcen Management 67

5. Kompetenzmanagement 97

6. Empirische Untersuchung der Forschungsfrage 117

7. Handlungsansätze und Gestaltungsempfehlungen 163

INHALTSVERZEICHNIS

KURZINHALTSVERZEICHNIS .... **VII**

INHALTSVERZEICHNIS .... **VIII**

ABBILDUNGSVERZEICHNIS .... **XIII**

TABELLENVERZEICHNIS .... **XVII**

ANHANGVERZEICHNIS .... **XIX**

1. Problemstellung und Aufbau der Arbeit **1**

1.1 Problemstellung und Zielsetzung 2

1.2 Aufbau und Struktur 4

2. Demographische Entwicklung und die Bedeutung älterer Mitarbeiter **7**

2.1 Demographie und demographischer Wandel in Deutschland 8

2.1.1 Fertilität 11

2.1.2 Lebenserwartung 13

2.1.3 Wanderung 13

2.2 Die zukünftige demographische Entwicklung und ihre Auswirkungen auf den Arbeitsmarkt 15

2.2.1 Prognose der demographischen Entwicklung bis zum Jahr 2050 15

2.2.2 Die demographische Entwicklung im internationalen Vergleich ausgewählter Länder 18

2.2.3 Auswirkungen auf das Erwerbspersonenpotenzial 21

2.2.4 Auswirkungen auf den Arbeitsmarkt 24

2.2.4.1 Arbeitskräfteangebot 25

2.2.4.2 Arbeitskräftenachfrage 28
2.2.4.3 Entwicklung des Arbeitsmarktsaldos 29
2.3 Konsequenzen für Unternehmen und die Alterszusammensetzung betrieblicher Belegschaften 31
2.3.1 Auswirkungen in Unternehmen sind unterschiedlich 31
2.3.2 Alterung der Belegschaften als zentrale Herausforderung 34
2.4 Fazit: Demographische Entwicklung bringt Herausforderungen 37

3. Mitarbeiter in der zweiten Berufslebenshälfte 39
3.1 Definition von Alter und Abgrenzung der Mitarbeitergruppe in der zweiten Berufslebenshälfte 40
3.1.1 Unterschiedliche Auffassungen von Alter 40
3.1.2 Definition der zweiten Berufslebenshälfte 43
3.2 Altersbilder und Mitarbeiter in der zweiten Berufslebenshälfte im Unternehmen 45
3.2.1 Soziales Alter und das Altersbild in der Gesellschaft 46
3.2.2 Das Altersbild in der Arbeitswelt 47
3.2.3 Selbstbild der Arbeitnehmer in der zweiten Berufslebenshälfte 49
3.3 Alterstheorien und die Leistungsfähigkeit der Mitarbeiter in der zweiten Berufslebenshälfte 49
3.3.1 Alterstheorien 50
3.3.2 Altersspezifische Leistungsfähigkeit 53
3.3.2.1 Körperliche Fähigkeiten 53
3.3.2.2 Intelligenz und Kognition 55
3.3.2.3 Lernfähigkeit 56
3.3.2.4 Innovationsfähigkeit 58

3.3.2.5 Erfahrungswissen und situative Handlungskompetenz 59

3.3.3 Auswirkungen auf das berufliche Leistungsverhalten 60

3.4 Konsequenzen für das Personalmanagement in Unternehmen 63

3.5 Fazit: Ältere Mitarbeiter gewinnen an Bedeutung 65

4. Human Ressourcen Management 67

4.1 Ressourcen als Ausgangspunkt des Human Ressourcen Managements 68

4.1.1 Wiederentdeckung der Ressourcentheorie 69

4.1.2 Ressource-based View 70

4.2 Competence-based View als theoretischer Bezugsrahmen desdes Human Kapital Management 72

4.3 Das Konzept des Human Ressourcen Management 76

4.3.1 Wurzeln, Merkmale und Definition des Human Ressourcen Managements 77

4.3.2 Von der Personalarbeit zum Human Ressourcen Management 80

4.3.3 Strategisches Human Ressourcen Management 84

4.3.4 Der Stellenwert des Kompetenzmanagements 93

4.4 Fazit: Paradigmenwechsel des Personalmanagements................. 95

5. Kompetenzmanagement 97

5.1 Entwicklung des Kompetenzbegriffes 98

5.2 Kompetenzmanagement als organisationsübergreifendes Konzept ... 100

5.2.1 Definition des Kompetenzbegriffs und des Kompetenzmanagements 100

5.2.2 Aufgabenfelder und Zielsetzungen des Kompetenzmanagement 104

5.3 Modelle und Anwendungsformen des Kompetenzmanagements in Unternehmen 106
5.3.1 Kreislaufmodell und integriertes Kompetenzmanagement 106
5.3.2 Kompetenzmanagementsysteme in Unternehmen 109
5.4 Fazit: Kompetenzmanagement sichert Unternehmenserfolg 114

6. Empirische Untersuchung der Forschungsfrage 117
6.1 Der Untersuchungsraum und die Grundgesamtheit 118
6.1.1 Zahlen, Daten und Fakten 118
6.1.2 Situation der Unternehmen und Entwicklung des Personalbedarfs 122
6.2 Untersuchung zu den Auswirkungen der demographischen Entwicklung und grundlegenden Tendenzen 126
6.2.1 Untersuchungsdesign und Anspruchsniveau 126
6.2.2 Personalstrategien der befragten Unternehmen 127
6.2.3 Umgang mit Mitarbeitern in der zweiten Berufslebenshälfte .. 128
6.2.4 Ausgangslage aus Sicht der Unternehmen 130
6.2.5 Ergänzende Einschätzungen der Experten in der IHK Organisation 131
6.3 Forschungsgegenstand: Kompetenzmanagement in Unternehmen und Mitarbeiter in der zweiten Berufslebenshälfte 134
6.3.1 Zielsetzung und Anspruchsniveau 134
6.3.2 Arbeitshypothesen 135
6.3.3 Untersuchungsdesign und Beschreibung der Stichproben 136
6.3.3.1 Schriftlicher Fragebogen 136
6.3.3.2 Vertiefende Interviews 139
6.4 Auswertung der empirischen Daten 140

6.4.1 Kompetenzfeststellung in Unternehmen 140

6.4.1.1 Ergebnisse der schriftlichen Befragung 140

6.4.1.2 Ergebnisse der vertiefenden Interviews 143

6.4.2 Kompetenzmanagement in Unternehmen 144

6.4.2.1 Ergebnisse der schriftlichen Befragung 144

6.4.2.2 Ergebnisse der vertiefenden Interviews 147

6.4.3 Mitarbeiter in der zweiten Berufslebenshälfte 148

6.4.3.1 Ergebnisse der schriftlichen Befragung 148

6.4.3.2 Ergebnisse der vertiefenden Interviews 157

6.5 Studienergebnisse des Fraunhoferinstituts 160

6.6 Fazit: Handlungsfeld Kompetenzmanagement - Optimierungsbedarf unter Einbindung aller Mitarbeiter 162

7. Handlungsansätze und Gestaltungsempfehlungen 163

7.1 Erfolgsfaktoren des Kompetenzmanagements 164

7.2 Schlüsselrolle des direkten Vorgesetzten 167

7.3 Herausforderungen des strategischen Personalmanagements 168

7.4 Notwendige Voraussetzungen: Strategische Unternehmensplanung und Unternehmenskultur 169

7.5 Erhöhung der Akzeptanz durch generationsübergreifende und laufbahnbegleitende Konzepte 171

7.6 Bedeutungsgewinn des Kompetenzmanagements bei weitere Professionalisierung 173

7.7 Zukunftsmodell: Generationsübergreifende Kompetenzkultur 176

ANHANG 177

LITERATURVERZEICHNIS 195

ABBILDUNGSVERZEICHNIS

Abb. 1.1	Zusammensetzung der Erwerbsbevölkerung	2
Abb. 1.2	Aufbau der Arbeit	4
Abb. 1.3	Struktur der Arbeit	5
Abb. 2.1	Altersaufbau der deutschen Bevölkerung bis 2050	10
Abb. 2.2	Natürliche Bevölkerungsentwicklung in Deutschland 1850 bis 2007	10
Abb. 2.3	Durchschnittliche Zahl der Geburten je 1000 Frauen nach Altersgruppen	12
Abb. 2.4	Entwicklung des Wanderungssaldos in ausgewählten Ländern 1970 bis 2006	14
Abb. 2.5	Entwicklung der Bevölkerungszahl in Deutschland bis 2050	16
Abb. 2.6	Entwicklung der Bevölkerung unter 20, ab 65 und ab 80 Jahren	18
Abb. 2.7	Entwicklung des Medianalters in ausgewählten Ländern 1950 – 2050	19
Abb. 2.8	Entwicklung der Bevölkerung in ausgewählten Ländern	20
Abb. 2.9	Bevölkerungsentwicklung in ausgewählten EU-Ländern bis 2060	21
Abb. 2.10	Entwicklung der Bevölkerung nach Altersgruppen	22
Abb. 2.11	Bevölkerung im Erwerbsalter nach Altersgruppen	23
Abb. 2.12	Differenz der altersspezifischen Erwerbspersonenpotenzialquote 1995 und 2030	27
Abb. 2.13	Szenarien zur Entwicklung des Erwerbspersonenpotenzials bis 2050	28
Abb. 2.14	Arbeitsmarktbilanz in Deutschland 1991 bis 2025	30

Abb. 2.15	Altersstruktur der Erwerbspersonen 1998 und 2015 nach Qualifikationsebenen	32
Abb. 2.16	Bevölkerungsveränderung 2002 bis 2020	33
Abb. 2.17	Handlungsfelder durch steigende Anforderungen	36
Abb. 3.1	Das Defizitmodell des Alterns	50
Abb. 3.2	Entwicklung der Bereiche der Intelligenz	52
Abb. 3.3	Veränderungsrichtungen der Leistungsfähigkeit mit zunehmendem Alter	53
Abb. 3.4	Die zwei Gesichter der Leistungsfähigkeit	53
Abb. 3.5	Krankenstand nach Altersgruppen, AOK-Mitglieder 2001 ...	54
Abb. 3.6	Teilnahme an beruflicher Weiterbildung nach Altersgruppen	57
Abb. 3.7	Entwicklung der psychischen und physischen Leistungsfähigkeit	61
Abb. 3.8	Nachhaltige Personalpolitik	64
Abb. 4.1	Grundprämissen der Ressource-based View	71
Abb. 4.2	Organisationale Kompetenzhierarchien	75
Abb. 4.3	Human Ressource Management-Konzeption nach dem Harvard-Konzept	79
Abb. 4.4	Gründe für die steigende Bedeutung des Human Ressourcen Managements	82
Abb. 4.5	Kriterien für ein Strategisches Human Ressourcen Management	85
Abb. 4.6	Prozessgestaltung von Humanressourcen und der HRM-Strategie	90
Abb. 4.7	Steuerungskompetenz als Herausforderung des Human Ressourcen Managements	91
Abb. 5.1	Strukturmodell des Kompetenzmanagements	100

Abb. 5.2	Integratives Kompetenzmanagementmodell	103
Abb. 5.3	Der Kreislaufprozess des Kompetenzmanagements	107
Abb. 5.4	Prozessmodell des strategischen Kompetenzmanagements....	108
Abb. 5.5	Kompetenzatlas als Ausgangsraster des Kompetenzmanagements	112
Abb. 5.6	Kompetenzprofil als Koordinationsinstrument	113
Abb. 6.1	Aufbau des empirischen Teils der Arbeit	118
Abb. 6.2a	Lage des IHK-Bezirks in Deutschland	119
Abb. 6.2b	Der IHK-Bezirk Regensburg	119
Abb. 6.3	Anteil des IHK-Bezirks Regensburg in Bayern in Prozent ...	119
Abb. 6.4	Anteil der Regionen an der Bruttowertschöpfung des IHK-Bezirks in Prozent	120
Abb. 6.5	Sozialversicherungspflichtige Beschäftigte nach Sektoren ...	121
Abb. 6.6	Anteil der Regionen an den IHK zugehörigen Unternehmen in Prozent	121
Abb. 6.7	Entwicklung des Qualifikationsniveaus	123
Abb. 6.8	Veränderung der Leistungs- und Wettbewerbssituation	124
Abb. 6.9	Differenzierte Entwicklung des Qualifikationsniveaus in den Teilregionen	125
Abb. 6.10	Anteil der Mitarbeiter über 45 Jahre in den Unternehmen	128
Abb. 6.11a	Probleme durch einen hohen Anteil älterer Mitarbeiter	129
Abb. 6.11b	Rückgang der Leistungsfähigkeit älterer Mitarbeiter	129
Abb. 6.12	Erfahrungswissen und Kompetenzen älterer Arbeitskräfte ...	130
Abb. 6.13	Durch das Ausscheiden älterer Mitarbeiter erlittener Wissensverlust	130
Abb. 6.14	Verteilung der Unternehmensgrößen in der Stichprobe in Prozent	138

Abb. 6.15 Verteilung der Branchenschwerpunkte in der Stichprobe in Prozent 138
Abb. 6.16 Art der Kompetenzerfassung in den Unternehmen 141
Abb. 6.17 Wiederholungsintervalle der Kompetenzerhebung in Unternehmen 142
Abb. 6.18 Instrumente zur Ermittlung der Mitarbeiterkompetenzen in den Unternehmen 145
Abb. 6.19 Maßnahmen zum Abbau von Kompetenzdefiziten 146
Abb. 6.20 Bei der Kompetenzerhebung berücksichtigte Mitarbeitergruppen 149
Abb. 6.21 Beim Kompetenzmanagement berücksichtigte Mitarbeitergruppen 150
Abb. 6.22 Vergleich der Mitarbeiterbeteiligung bei Kompetenzfeststellung und -management 151
Abb. 6.23 Vergleich des Engagements zur persönlichen Weiterentwicklung 153
Abb. 6.24 Positive Wahrnehmung des Kompetenzmanagements durch die Mitarbeiter 155
Abb. 6.25 Veränderungen im Umgang mit Mitarbeiterkompetenzen 156
Abb. 6.26 Veränderungen im Umgang mit Mitarbeiterkompetenzen nach Unternehmensgrößenklassen 157
Abb. 7.1 Spannungsfeld des Kompetenzmanagements 167
Abb. 7.2 Faktoren der Professionalisierung des Kompetenzmanagements 173

TABELLENVERZEICHNIS

Tab. 2.1 Bilanzen der deutschen Bevölkerung 1950 bis 2006 14

Tab. 2.2 Komponenten der Entwicklung des Erwerbspersonenpotenzials 26

Tab. 3.1 Vorurteile gegenüber älteren Arbeitnehmern 48

Tab. 4.1 Der Kompetenzbegriff in der Competence-based View 73

Tab. 4.2 Unterschiede zwischen betrieblichen Personalwesen und Human Ressourcen Management 83

Tab. 4.3 Varianten des Strategischen Human Ressourcen Managements 86

ANHANGVERZEICHNIS

Anhang 1	Ländertabelle Deutschland	177
Anhang 2	Bevölkerungsentwicklung nach Altersgruppen in Deutschland bis 2050	177
Anhang 3	Bevölkerung im Erwerbsalter nach Altersgruppen (a)	178
Anhang 4	Bevölkerung im Erwerbsalter nach Altersgruppen (b)	179
Anhang 5	Erwerbstätige nach Qualifikationsebenen	179
Anhang 6	Idealtypische Altersverteilung von Belegschaften: Homogenität versus Heterogenität	180
Anhang 7	Veränderung des Medianalters in Landkreisen und kreisfreien Städten	181
Anhang 8	Altersstrukturanalyse	182
Anhang 9	Fragebogen zu den Auswirkungen der demographischen Entwicklung	182
Anhang 10	Zusammensetzung der befragten Unternehmen	183
Anhang 11	Fragebogen zum Kompetenzmanagement und älteren Mitarbeitern	184
Anhang 12	Halbstandardisierter Interviewleitfaden	187
Anhang 13	Art der Kompetenzerfassung in Unternehmen	188
Anhang 14	Wiederholungsintervalle der Kompetenzerhebung	188
Anhang 15	Instrumente zur Ermittlung der Mitarbeiterkompetenzen in den Unternehmen	189
Anhang 16	Maßnahmen bei Kompetenzdefiziten und zur Anpassung von Qualifikationen	189
Anhang 17	Bei der Kompetenzfeststellung berücksichtigte Mitarbeitergruppen	190

Anhang 18 Beim Kompetenzmanagement berücksichtigte Mitarbeitergruppen 191
Anhang 19 An Kompetenzmanagementmaßnahmen beteiligte Mitarbeitergruppen 191
Anhang 20 Bewusstsein der Anforderungen bei den unterschiedlichen Mitarbeitergruppen 192
Anhang 21.1 Engagement der jüngeren Mitarbeiter zur eigenen Kompetenzentwicklung 192
Anhang 21.2 Engagement der älteren Mitarbeiter zur eigenen Kompetenzentwicklung 193
Anhang 22 Qualifizierungsangebote zum Umgang mit Wissen 193
Anhang 23 Akzeptanz des Kompetenzmanagements bei den Mitarbeitern 194
Anhang 24 Veränderungen im Umgang mit Mitarbeiterkompetenzen ... 194

Anmerkung:

Aus Gründen der besseren Lesbarkeit wird im Titel wie Text der vorliegenden Veröffentlichung bei Personen nur die männliche Form verwendet. Selbstverständlich ist die weibliche Form mit eingeschlossen und alle Ausführungen beziehen sich in selben Maß auf Mitarbeiterinnen.

KAPITEL 1

Problemstellung und Aufbau der Arbeit

Bevor die Problemstellung die Arbeit argumentativ verdeutlicht und deren Aufbau und Fragestellungen veranschaulicht, sind zwei Entwicklungen, hervorzuheben:

Entwicklung 1:
Die meisten Unternehmen betiteln ihre Mitarbeiter als die wichtigste und wertvollste Ressource und stellen die Bedeutung der Mitarbeiterkompetenzen als wichtigen Wettbewerbsfaktor heraus. Wenn Mitarbeiter die bedeutendste Ressource des Unternehmens sind, ist die Frage, wie deren Kompetenzen eingesetzt und weiterentwickelt werden müssen, zentral und für den Erfolg des Unternehmens entscheidend. Kompetenzmanagement gewinnt vor dem Hintergrund der Globalisierung und einem deutlich gestiegenen Wettbewerbsdruck für Unternehmen an Bedeutung.

Entwicklung 2:
Die deutsche Bevölkerung altert, mit ihr das Erwerbspersonenpotential und somit auch die Belegschaften in den Unternehmen. Die in den 1990er Jahren zu beobachtende Jugendkultur wird daher zwangsläufig in eine „Erfahrungskultur" übergehen. Die verhältnismäßig geringere Zahl an Trainees, High Potentials und Nachwuchskräften kann künftig die Zukunfts- und Innovationsfähigkeit eines Unternehmens ausmachen. Mitarbeiter in der zweiten Berufslebenshälfte sind zu wertvoll, um sie in Frührente und Altersteilzeit zu schicken. Sie sind mit Ihren Kompetenzen, Erfahrungen und Potenzialen Leistungsträger der Unternehmen.

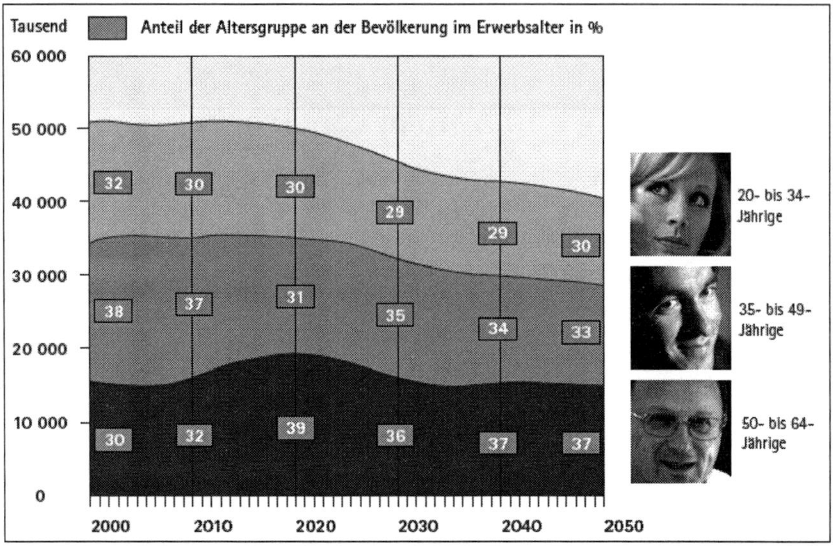

Abbildung 1.1: Zusammensetzung der Erwerbsbevölkerung

(Balzereit 2006, S. 7)

1.1 Problemstellung und Zielsetzung

Die Bedeutung der Humanressourcen, der Kompetenzen und Potenzialen von Mitarbeitern und Führungskräften ist für den Erfolg von Unternehmen unumstritten und den meisten Unternehmen bewusst. Der Umgang mit diesem entscheidenden Erfolgsfaktor läuft dagegen in vielen Fällen unbewusst ab und Humanressourcen werden in der Wirtschaftsrealität selten systematisch in die Unternehmensstrategie einbezogen. Vor diesem Hintergrund wird der Umgang mit den Humanressourcen des Unternehmens für das Management zum wettbewerbsentscheidenden Faktor. Strategien für die bestmögliche Beteiligung der verfügbaren Mitarbeiterressourcen bzw. der Mitarbeiterkompetenzen an der Wertsteigerung zeichnen im Wettbewerb herausragende Unternehmen aus.

Um solche Strategien entwickeln zu können, müssen Unternehmen ihre Humanressourcen und die Mitarbeiterpotentiale kennen und gezielt entwickeln. Dabei geht es nicht um das explizite Wissen der Mitarbeiter, sondern um alle Fähigkeiten, Kompetenzen und Potenziale sowie gleichzeitig um die Steuerungsgrößen und –instrumente des Kompetenzmanagements. Aufbauend auf der Verknüpfung mit der Unternehmensstrategie sind die Herausforderungen im Bereich des Kompetenzmanagements wichtiger Bestandteil des Human Ressourcen Management.

Ein fundiertes Human Ressourcen Management ist nur möglich, wenn die Kompetenzen und Potenziale der Mitarbeiter festgestellt und erfasst werden. Ziel der Arbeit ist es herauszuarbeiten, vor welchen Herausforderungen das Kompetenzmanagement bei Mitarbeitern in der zweiten Berufslebenshälfte gestellt wird. Während Mitarbeitergruppen, wie Trainees und sogenannte High Potentials sowie junge Führungskräfte, oft im Fokus von Kompetenzmanagement und Personalentwicklung stehen, ist der große, und durch die Konsequenzen des demographischen Wandels immer größer werdende Anteil der Mitarbeiter in der zweiten Berufslebenshälfte bisher in deutlich geringerem Ausmaß mit Kompetenzmanagement vertraut bzw. von Seiten des Personalmanagements weniger stark eingebunden.

Gleichzeitig erhöhen externe Rahmenbedingungen, wie die demographische Entwicklung, die Notwendigkeit gerade diese Mitarbeitergruppe mit entsprechenden personalpolitischen Instrumenten zu konfrontieren. Es gilt in den Unternehmen die strukturellen und dynamischen Komponenten des Kompetenzmanagements unter Einbeziehung aller Mitarbeiter und unter der Berücksichtigung von Erfolgsfaktoren umzusetzen. Aufbauend auf der theoretischen Auseinandersetzung mit allen Aspekten der Fragestellung und den Ergebnissen der empirischen Untersuchung formuliert die Arbeit - durch die Verknüpfung solcher Er folgsfaktoren - Gestaltungsempfehlungen für die Praxis. Diese Handlungsansätze für die Praxis herauszuarbeiten ist die letztendliche Zielsetzung der vorliegenden Arbeit.

1.2 Aufbau und Struktur

Die Arbeit ist in sieben Kapitel untergliedert, wobei dieses erste Kapitel einen Überblick zu Inhalten und der Struktur gibt. Die Gliederung und Struktur der Arbeit ist in Abbildung 1.2 graphisch dargestellt und visualisieren die Inhalte der Untersuchung.

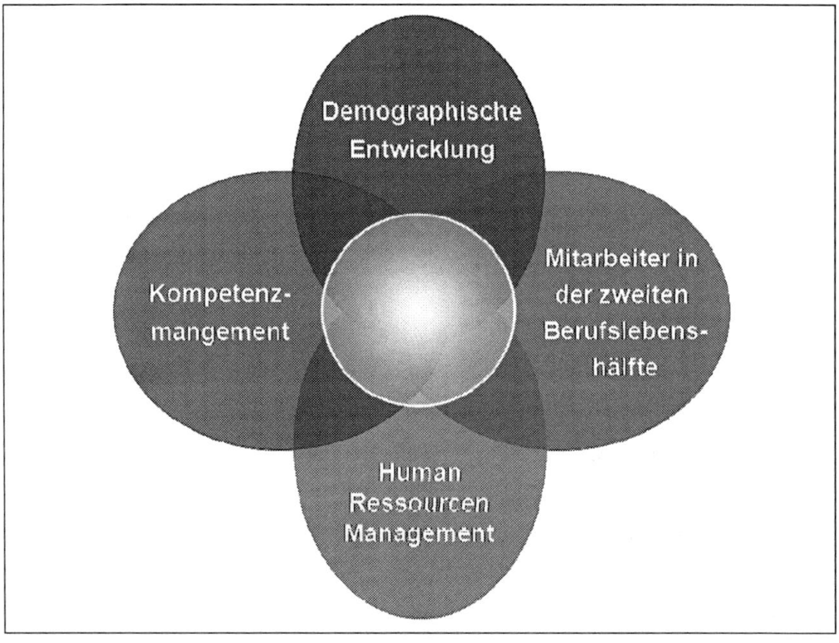

Abbildung 1.2: Aufbau der Arbeit

Das zweite Kapitel stellt die demographische Entwicklung mit ihren Auswirkungen auf die Altersstruktur in Unternehmen dar und leitet, durch den ersichtlich werdenden Bedeutungsgewinn der älteren Mitarbeiter, zum dritten Kapitel über. Hier stehen die Mitarbeiter in der zweiten Berufslebenshälfte im Fokus und werden vor dem Hintergrund von Alterstheorien und Modellen zur Entwicklung der Leistungsfähigkeit näher beleuchtet. Im vierten Kapitel wird der Managementansatz des Human Ressourcen Management dargestellt und der Paradigmenwechsel von der Personalarbeit hin zum Strategischen Human Ressourcen Management aufgezeigt. Bereits hier wird der Stellenwert des Kompetenzmanagements, der im Kapitel 5 im Zentrum steht, herausgearbeitet.

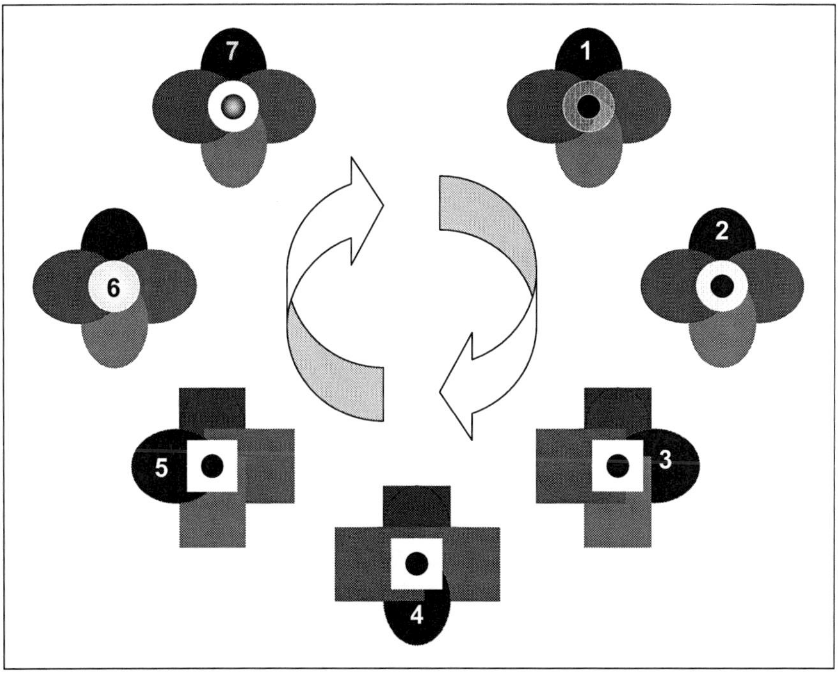

Abbildung 1.3: Struktur der Arbeit

Die detaillierte Auseinandersetzung mit dem Kompetenzmanagement bildet die Grundlage für die im Rahmen der Arbeit angefertigte, empirisch-analytischen Untersuchung. Diese Untersuchung, die in Kapitel 6 beschrieben wird, bildet zusammen mit den in Kapitel 7 dargestellten, aus der Ergebnisverdichtung generierten, Gestaltungsempfehlungen das Kernstück der Arbeit. Die auf sämtlichen Aussagen und Erkenntnissen der vorangegangenen Kapitel aufbauenden Handlungsansätze für die Praxis schließen die Arbeit formal und inhaltlich ab.

KAPITEL 2

Demographische Entwicklung und die Bedeutung älterer Mitarbeiter

---

INHALT:

Die Zunahme der Lebensdauer und sinkende Geburtenraten führen zu einer erheblichen Veränderung der Altersstruktur in Deutschland. Die Auswirkungen des so genannten demographischen Wandels werden sichtbar. Auch hohe Zuwanderungen können an dieser Entwicklung nichts ändern. Trotz der Praxis der Frühpensionierung und der Entlassung Älterer, hat sich der Wandel in Deutschlands Demographie bereits in der Altersstruktur der Unternehmen niedergeschlagen.

Die Veränderung der Alterszusammensetzung in den Betrieben wird dramatischer sein als der Rückgang der absoluten Zahl der Erwerbsfähigen. Wenn die Gesellschaft immer älter wird, können folglich die Mitarbeiter der Unternehmen nicht immer jünger werden. Während die Zahl der Nachwuchskräfte langsam aber kontinuierlich abnimmt, steigt die Gruppe der älteren Erwerbsfähigen bereits heute an. Im Jahr 2000 gab es 9,4 Millionen Arbeitskräfte ab 50 Jahre und mit 8,6 Millionen ein geringeres Arbeitskräftepotenzial unter 30 Jahren. Bis 2020 wird die Zahl der über 50-Jährigen doppelt so hoch sein wie die der jungen Arbeitskräfte. Eine längere Lebenserwartung wird in Zukunft auch mit längeren Erwerbsphasen verknüpft sein, was den Alterungsprozess der Erwerbspersonen zusätzlich verschärft und Unternehmen vor neue Herausforderungen stellt.

AUFBAU:

Dieses zweite Kapitel beschreibt im ersten Teilabschnitt das Phänomen des demographischen Wandels und die für jede demographische Entwicklung verantwortlichen Determinanten. Neben konkreten Zahlen zur demographischen Entwicklung in Deutschland enthält dieser Abschnitt auch die Bevölkerungsprognose bis 2050 sowie einen Vergleich mit der Situation in ausgewählten Ländern. Auf diesen Fakten und Daten aufbauend wird die Auswirkung der demographischen Entwicklung auf das Erwerbspersonenpotenzial herausgearbeitet. An die Betrachtung des Arbeitsmarktes schließt sich dann, dem deduktiven Aufbau folgend, die Auseinandersetzung mit den Konsequenzen für die Alterszusammensetzung der betrieblichen Belegschaften an. Ziel des Kapitels ist es, herauszuarbeiten und an Zahlenbeispielen zu veranschaulichen, dass durch die demographische Entwicklung die große Gruppe der Mitarbeiter in der zweiten Berufslebenshälfte nicht nur zahlenmäßig zunimmt, sondern mit ihren Kompetenzen für die Unternehmen an Bedeutung gewinnen muss.

2.1 Demographie und demographischer Wandel in Deutschland

Unter Demographie versteht man die wissenschaftliche Erforschung und Darstellung einer Population und ihrer Veränderung. Bevölkerungsstatistiken, mathematische Modelle und sozialempirische Studien liefern das Material für die Zielsetzung, die zukünftige Bevölkerungsentwicklung zu prognostizieren (vgl. Roloff 2003, S. 8; Siegrist 1995, S. 27). Die Bevölkerungsentwicklung wird durch den Saldo aus Geburten und Sterbefällen sowie dem Verhältnis aus Zu- und Abwanderung bestimmt und ist immer auf ein definiertes räumliches Gebiet zu sehen. Die Determinanten der Bevölkerungsentwicklung sind demzufolge die Fertilität, die Mortalität und außerdem der Umfang und die Struktur der grenzüberschreitenden Wanderungsströme (vgl. Bonim et al. 2003, S. 23 ff.).

Unter der demographischen Entwicklung, oder auch dem demographischen Wandel, werden alle qualitativen und strukturellen Veränderungen innerhalb der Bevölkerung verstanden (vgl. Becker et al. 2002, S. 479). Die demographische Entwicklung und demographische Wandelprozesse sind normale und natürliche Erscheinungen, die weder positiv noch negativ sind, in ihren Auswirkungen jedoch so bewertet werden können (vgl. Pack et al. 2000, S. 8).

In Deutschland ist die demographische Entwicklung seit vielen Jahren von zwei entscheidenden Merkmalen geprägt: Die deutsche Bevölkerung nimmt deutlich ab und wird zudem immer älter. Es findet eine Strukturverschiebung im Altersaufbau zugunsten der höheren Altersgruppen statt. Unsere Bevölkerungspyramide hat sich bereits in eine neue Form entwickelt und wird bis zum Jahr 2050 pilzförmig (vgl. Abbildung 2.1) sein, was bedeutet, dass ungefähr jeder dritte Einwohner Deutschlands 65 Jahre und älter sein wird, unter 20-jährig dagegen werden nur halb so viele Menschen sein. Heute hält sich die Zahl der unter 20-jährigen Menschen und über 65-Jährigen noch in etwa die Waage, was bedeutet, dass sich insbesondere das Verhältnis zwischen der Bevölkerung im Erwerbsalter und im Rentenalter deutlich verändern wird (vgl. Bundesinstitut für Bevölkerungsforschung 2008, S. 18). Auf den Punkt gebracht wird diese Entwicklung durch Schmids (2001, S. 29) Beschreibung „der Jugendsockel wird immer schmäler, während der Altenkopf schwillt".

Demographische Veränderungsprozesse sind und wirken immer langfristig. Der demographische Wandel, der durch seine Auswirkungen auf unsere Gesellschaft in letzter Zeit ein hohes Maß an medialem Interesse und viele Schlagzeilen hervorgebracht hat, kündigte sich seit vielen Jahren an und wirkt seit geraumer Zeit auf unsere Bevölkerungsstruktur ein. Abbildung 2.2 zeigt, dass die Geburtenrate schon sehr lange rückläufig ist und dass bereits seit 1974 die Sterbeziffer die Geburtenzahl überschritten hat.

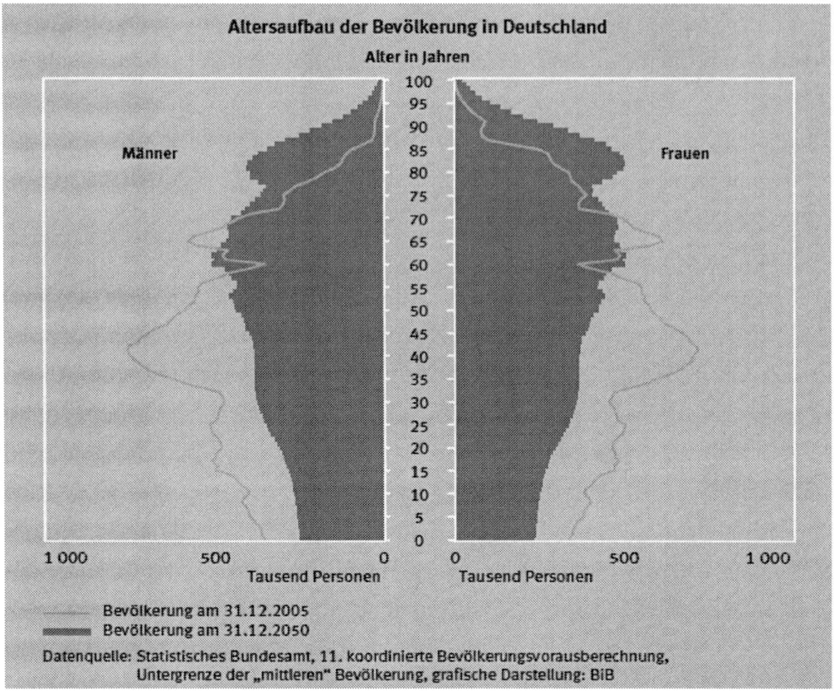

Abbildung 2.1: Altersaufbau der deutschen Bevölkerung bis 2050
(Bundesinstitut für Bevölkerungsforschung 2008, S. 18)

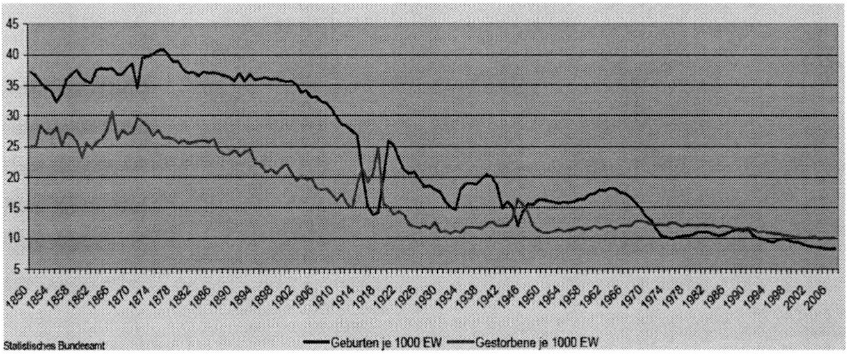

Abbildung 2.2: Natürliche Bevölkerungsentwicklung in Deutschland 1850 bis 2007
(BMWi 2008, A.G7, gesammelte Zahlen vgl. Anhang 1)

2.1.1 Fertilität

Die statistischen Zahlen der Lebendgeborenen je 1000 Frauen im gebärfähigen Alter legen dar, dass die Gründe für die gesunkene Fertilität vielfältig und vielschichtig sind. Bereits um 1900 war die Geburtenziffer von über vier auf zwei Kinder je Frau gesunken. In der Weltwirtschaftskrise ist es zu einem weiteren Einbruch gekommen. Die Geburtenziffer stieg danach jeweils schnell wieder an. Nach der Phase des Babybooms in der Nachkriegszeit von 1955 bis 1964 fielen die Geburtenzahlen in West- wie Ostdeutschland trotz stabiler wirtschaftlicher und politischer Verhältnisse deutlich ab.

Diese Phase des Geburtenrückgangs führte zu einem, im historischen Verlauf einmaligen, Geburteneinbruch bis auf 0,77 Kinder pro Frau in Ostdeutschland. In Westdeutschland stagnierte der Wert viele Jahre bei ungefähr 1,4 Kindern, so dass es sich nicht um einen temporären Einbruch handelt, sondern das Reproduktionsniveau dauerhaft unterschritten wird (vgl. Roloff 2003, S. 11 ff.).

Abbildung 2.3 zeigt, dass sich die Niveaus in Ost- und Westdeutschland, nach der Wiedervereinigung, schnell angeglichen haben und die Mütter in beiden Gebieten immer älter werden. Einmalig ist dabei, dass erstmals nicht kritische Rahmenbedingungen, sondern ein steigendes Wohlstandsniveau mit dem Rückgang der Geburten korrelieren und so ein demographisch-ökonomisches Paradoxon entstanden ist (vgl. Birg 2001, S. 42).

Kinder sind im Sozialstaat kein Faktor der Altersvorsorge mehr und die Veränderung des Verhaltens der Frauen sowie das gewandelte Verständnis von Familie sind weitere Ursachen für die demographische Situation in vielen Industriestaaten (vgl. Pötzsch 2007, S. 5 ff.). Die Frauen sind bei der Geburt der Kinder nicht nur immer älter, sondern der Anteil der Frauen, die kinderlos bleiben, steigt zusätzlich kontinuierlich an (vgl. Roloff 2003, S. 13 f.).

Der höhere Bildungsstand der Frauen verschärft diesen Trend noch; denn bei Akademikerinnen verzichtet in etwa jede zweite Frau zugunsten der Berufstätigkeit und Selbstverwirklichung auf Kinder (vgl. Grünheid 2003, S. 12). Im Rahmen dieser Arbeit ist eine tiefergreifende Analyse der unterschiedlichen und vielschichtigen soziologischen und ökonomischen Gründe nicht zu leisten und auch nicht zielführend. Wichtig bleibt festzuhalten, dass die sinkende Fertilität einen fortlaufenden Abwärtstrend begründet. Die schwächeren Mütterjahrgänge bedeuten bei gleich bleibender Geburtenrate weniger zukünftige Mütter und der Trend beschleunigt sich in einer Abwärtsspirale.

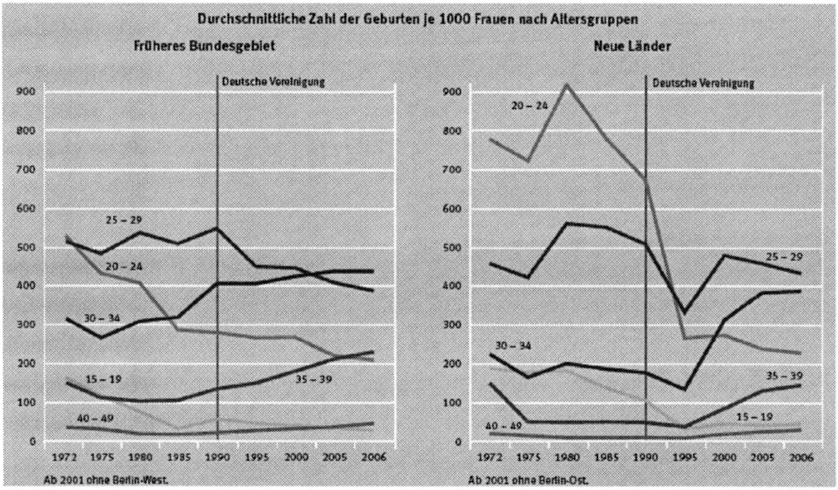

Abbildung 2.3: Durchschnittliche Zahl der Geburten je 1000 Frauen nach Altersgruppen
(Pötzsch 2007, S. 15)

2.1.2 Lebenserwartung

Die zweite Ursache der demographischen Entwicklung in Deutschland ist der Rückgang der Mortalität, was einen kontinuierlichen Anstieg der Lebenserwartung zur Folge hat. Der Hauptgrund für die seit Anfang des 20. Jahrhunderts rückläufige Sterbeziffer ist die sinkende Säuglingssterblichkeit (vgl. Roloff 2003, S. 15 f.). Gleichzeitig ist die Lebenserwartung für ältere Menschen gestiegen. Die Gründe hierfür reichen von verbesserten hygienischen Bedingungen und einer besseren Ernährung sowie der verbesserten Gesundheitsversorgung bis hin zu neuen Behandlungsmöglichkeiten von chronischen Krankheiten. Aber auch die besseren Lebens- und Arbeitsbedingungen und das individuelle Gesundheitsverhalten tragen zur deutlichen Steigerung der Lebenserwartung bei (vgl. Dickmann 2003, S. 6; Roloff 2003, S. 15 ff.).

Aus der Sterbetafel 2005/2007 (Statistisches Bundesamt) geht hervor, dass ein im Jahr 2007 20-jähriger Mann eine Lebenserwartung von 77,5 Jahren hat, eine gleich alte Frau dagegen wird der Prognose nach 82,7 Jahre alt. Zur Veranschaulichung der gestiegenen Lebenserwartung soll die Sterbetafel von 1940 herangezogen werden. Ein in diesem Jahr geborener Mann wird durchschnittlich 68,2 Jahre alt und eine im selben Jahr geborene Frau 76,1 Jahre. Der Unterschied von 47 Jahren beim Geburtsjahr macht eine bei Männern um 9,3 Jahre gestiegene Lebenserwartung aus.

2.1.3 Wanderung

In den vergangenen 100 Jahren war die Migrationsgeschichte in Deutschland unstetig und die Zahl der Zu- und Fortzüge so stark, wie in kaum einem anderen Land, von Schwankungen gekennzeichnet. In der ersten Hälfte des 20. Jahrhunderts überwog die Zahl der Auswanderer, in den Jahren danach entwickelte sich Deutschland vom Aus- zum Einwanderungsland (vgl. Münz 2002, S. 113; Tabelle 2.1).

Bilanz zwischen Lebendgeborenen und Gestorbenen bzw. Zu- und Abwanderungen in Deutschland, 1950 – 2006 (Durchschnitt pro Jahr im angegebenen Zeitraum, in 1 000)			
Zeitraum	Natürliche Bilanz	Wanderungsbilanz	Gesamtbilanz
1950 – 1959	343	104	447
1960 – 1969	381	226	607
1970 – 1979	-102	174	73
1980 – 1989	-74	165	91
1990 – 1999	-78	423	344
2000 – 2006	-120	141	21

Tabelle 2.1: Bilanzen der deutschen Bevölkerung 1950 bis 2006
(Bundesinstitut für Bevölkerungsforschung 2008, S. 12)

In den verschiedenen Phasen des Zustroms kamen Flüchtlinge und Vertriebene, Ausländer und Gastarbeiter sowie Aussiedler nach Deutschland. Mitte der 1990er Jahre erreichte die Nettozuwanderung mit einer Zahl von 780 000 Menschen noch einmal einen Höhepunkt und ist seitdem stetig gefallen (vgl. DBR 2003, S. 13; Abbildung 2.4). Der Wanderungssaldo war trotz dieser Unterschiede in der Vergangenheit in Deutschland zumeist hoch genug, um die negative natürliche Bevölkerungsentwicklung auszugleichen. Allerdings gab es bereits ab den 1970er Jahren einzelne Jahre, in denen es trotz Zuwanderung zu einem Rückgang der Bevölkerung kam (vgl. BMWi 2008, A.G1).

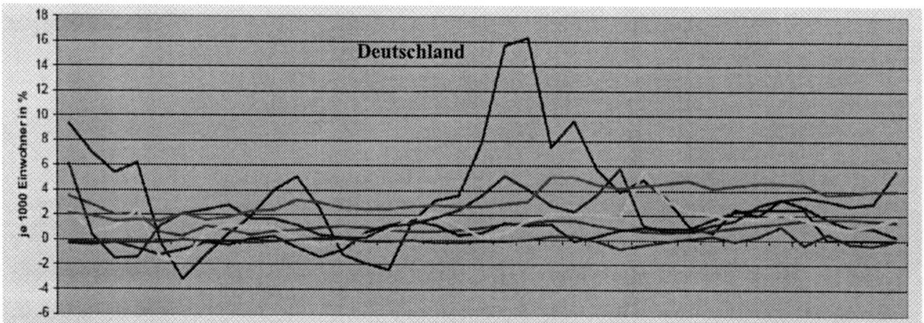

Abbildung 2.4: Entwicklung des Wanderungssaldos in ausgewählten Ländern 1970 bis 2006
(BMWi 2008, A.G12)

2.2 Die zukünftige demographische Entwicklung und ihre Auswirkungen auf den Arbeitsmarkt

Bisher war der bereits aufgetretene Rückgang der Bevölkerung auf einzelne Jahre begrenzt und kein lang anhaltender Zukunftstrend. Die Veränderung der Alterspyramide (vgl. Seite 10) hat bereits erkennen lassen, dass sich in den nächsten 40 Jahren die Zusammensetzung der deutschen Bevölkerung in extremem Umfang verändern wird. In welcher Form und in welchem Umfang diese Veränderung stattfinden wird, sowie deren Konsequenzen für das Erwerbspersonenpotenzial und den Arbeitsmarkt, werden in den folgenden Unterpunkten näher beleuchtet.

2.2.1 Prognose der demographischen Entwicklung bis zum Jahr 2050

Wie dargestellt, übertreffen in Deutschland seit über 30 Jahren die Sterbefälle die Geburten und führen so zu einem Geburtendefizit, das in den meisten Jahren durch die Zuwanderung ausgeglichen wurde. Da diese Zuwanderung in den letzten Jahren eingebrochen ist, schrumpft die deutsche Bevölkerung. Diese Entwicklung wird sich in den kommenden Jahrzehnten den Prognosen nach beschleunigen. Bei der Vorausrechnung wird davon ausgegangen, dass die heute bereits geborenen, schwachen Elternjahrgänge durch die gleich bleibende durchschnittliche Kinderzahl pro Frau zu einem weiteren Rückgang der Geburten führen werden (vgl. Bundesinstitut für Bevölkerungsforschung 2008, S. 16; Eisenmenger et al. 2006, S. 5).

Abbildung 2.5: Entwicklung der Bevölkerungszahl in Deutschland bis 2050
(Bundesinstitut für Bevölkerungsforschung 2008, S. 16; genaue Zahlen vgl. Anhang 2)

Die Ergebnisse der 11. koordinierten Bevölkerungsvorausrechnung werden im Rahmen dieser Arbeit in Anlehnung an die Veröffentlichung des Statistischen Bundesamtes anhand von zwei Szenariovarianten beschrieben (vgl. Eisenmenger et al. 2006). Zum einen wird hierfür angenommen, dass die Geburtenhäufigkeit konstant bleibt, die Lebenserwartung um weitere sieben Jahre steigt und der Wanderungssaldo 100 000 Personen pro Jahr beträgt. Im anderen Fall wird dieser Saldo auf 200 000 Personen erhöht, so dass ein Korridor für die zukünftige demographische Entwicklung entsteht, dessen Unter- und Obergrenzen die „mittlere" Bevölkerung kennzeichnen (vgl. Eisenmenger et al. 2006; Abbildung 2.5).

Natürlich können zusätzlich auch die anderen Determinanten in unterschiedlichen Fällen betrachtet werden, so dass durch die verschiedenen Kombinationsmöglichkeiten eine große Anzahl an diversen Szenarien und Zahlen zur zukünftigen Bevölkerung generiert werden kann. Die Ober- und Untergrenzen der

Prognosen bis 2050 können daher weit auseinander liegen. Für eine fundierte Darstellung ist es demnach wichtig, von mittleren Szenarien auszugehen und Annahmen zu überdurchschnittlichen Entwicklungen einzelner Determinanten mit anzugeben (vgl. Anhang 3).

Allzu leicht lassen sich ansonsten plakative Schlagzeilen oder extreme Darstellungen, wie sie in der Veröffentlichung „Die demographische Lage der Nation" zu finden sind, generieren, wobei die Eintrittwahrscheinlichkeit genau dieser Zahlenbeispiele dann gering ist. Bei der Auseinandersetzung mit den Auswirkungen der demographischen Entwicklung kommt es zudem wenig auf die exakten Zahlen, sondern vielmehr auf die Trends an. Die Bevölkerungsvorausrechnung verdeutlicht die Auswirkungen heute bereits angelegter Strukturen und erkennbarer Veränderungen auf die künftige Bevölkerung und liefert so wichtige Informationen zu Tendenzen und Entwicklungen, die gerade im wirtschaftlichen Kontext als Entscheidungsgrundlage bedeutend sind (vgl. Einsenmenger et al. 2006, S. 9).

Die Bevölkerungszahl in Deutschland, die bereits seit 2003 rückläufig ist, wird, wie dargestellt, in ihrer Größe weiter zurückgehen. Bei der Fortsetzung der aktuellen demographischen Entwicklung wird, gemäß des mittleren Szenarios der 11. Bevölkerungsvorausrechnung, die Einwohnerzahl von fast 82,5 Millionen im Jahr 2005 auf 74 bis knapp 69 Millionen im Jahr 2050 abnehmen (vgl. Einsenmenger et al. 2006, S. 9). Die Veränderung der Altersstruktur dieser Bevölkerung bis 2050 wird gravierender sein als der Rückgang der Bevölkerungszahl. Wie bereits auf Seite 9 bei der Beschreibung der Entwicklung der Bevölkerungspyramide angesprochen, wird die Zahl der über 65-jährigen Menschen überproportional zunehmen, während die unter 20-Jährigen rapide abnehmen. Zur Veranschaulichung sei an dieser Stelle die graphische Darstellung des Bundesinstitutes für Bevölkerungsforschung aufgeführt.

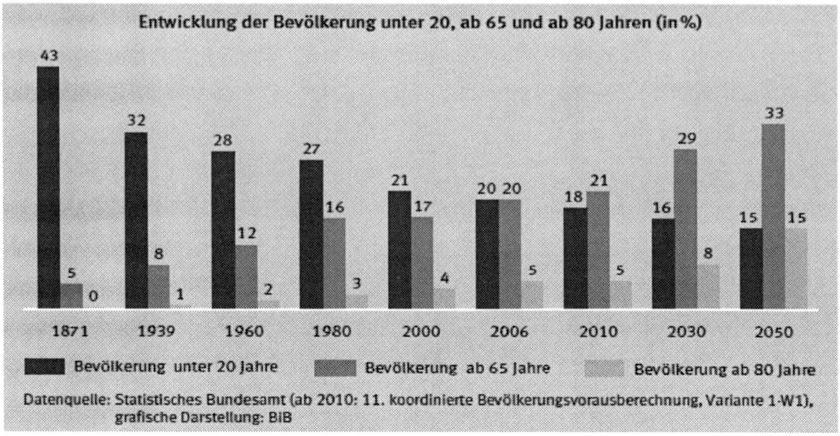

Abbildung 2.6: Entwicklung der Bevölkerung unter 20, ab 65 und ab 80 Jahren
(Bundesinstitut für Bevölkerungsforschung 2008, S. 28)

2.2.2 Die demographische Entwicklung im internationalen Vergleich ausgewählter Länder

Zur Bewertung der Auswirkungen der demographischen Entwicklung ist es interessant, Deutschland mit Volkswirtschaften, die ein ähnliches Wohlstands- und Produktivitätsniveau haben und den europäischen Nachbarländern, zu vergleichen.

In allen Ländern Europas steigt die Lebenserwartung und die Geburtenrate liegt unter 2,1 Kindern pro Frau, wobei der Beginn und der Verlauf des Geburtenrückgangs in den einzelnen Ländern unterschiedlich war und ist (vgl. Onnen-Isemann 2003, S.31). Abbildung 2.7 veranschaulicht die Alterung der Bevölkerungen in ausgewählten Ländern und zeigt, dass Deutschland nach Japan, das durch die weltweit höchste Lebenserwartung besonders stark altert, das Land ist, in dem das Medianalter am stärksten ansteigt. Das Medianalter, das die Bevölkerung statistisch in zwei gleich große Gruppen einteilt, wird in Deutschland im Zeitraum von 1950 bis 2050 von 35,4 auf 49,4 Jahre angestiegen sein (vgl. BMWi 2008, A.G9).

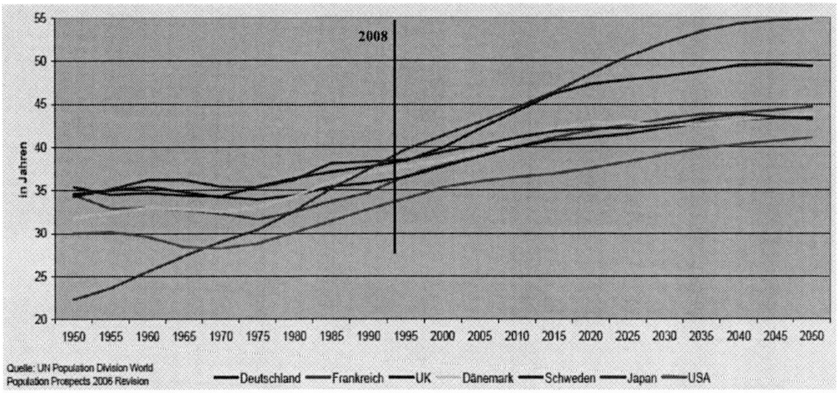

Abbildung 2.7: Entwicklung des Medianalters in ausgewählten Ländern 1950 – 2050
(BMWi 2008, A.G9)

Unten stehende Abbildung 2.8 zeigt, dass Deutschland und Japan bereits schrumpfende Bevölkerungen aufweisen, während in Dänemark und Schweden die Bevölkerungszahl lediglich stagniert und in Frankreich sowie Großbritannien und den USA noch ein Bevölkerungswachstum zu verzeichnen ist.

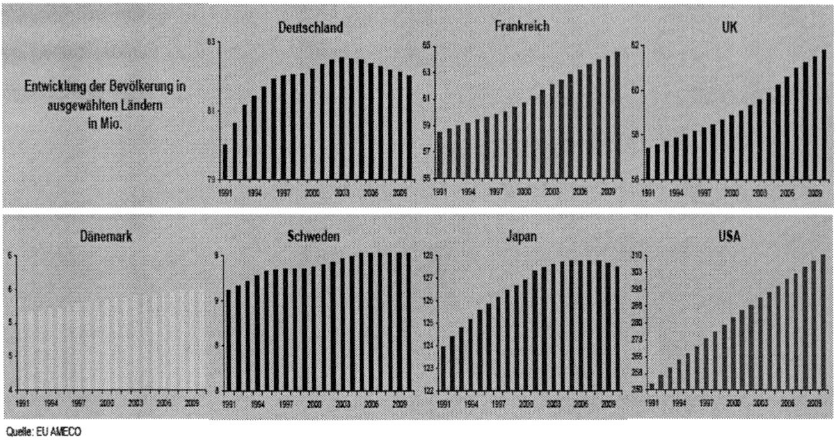

Abbildung 2.8: Entwicklung der Bevölkerung in ausgewählten Ländern
(BMWi 2008, A.G5)

Insgesamt wird die europäische Bevölkerung ab dem Jahr 2015 sinken (vgl. DBR 2003, S. 3). In Abbildung 2.9 ist zu sehen, dass bei einer Prognose bis 2060 Deutschland das einzige Land ist, das von 2008 an für den gesamten Prognosezeitraum eine negative Veränderungsrate aufweist. Innerhalb Europas wird Deutschland am meisten mit den Folgen der Alterung der Gesellschaft zu kämpfen haben, da diese besonders früh beginnt und ein starkes Ausmaß annimmt.

Die USA kann als einziges Industrieland auch in Zukunft mit einer größeren Bevölkerungszunahme rechnen und die Alterung der Bevölkerung ist am wenigsten ausgeprägt (vgl. Dickmann 2004, S. 28 f.). Die demographische Entwicklung mit ihren Auswirkungen, wie der Alterung der Bevölkerung, ist ansonsten ein auf der ganzen Welt zu beobachtendes Phänomen, das auch die Schwellenländer erfassen wird und gerade durch seine globale Ausprägung bisher einmalig ist (vgl. Roloff 2003, S. 10).

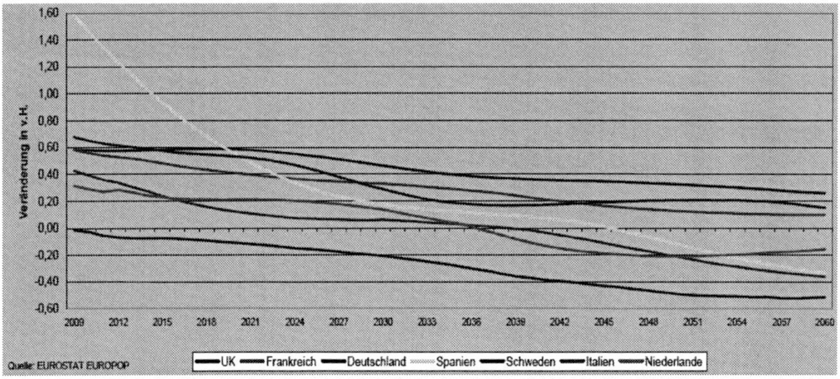

Abbildung 2.9: Bevölkerungsentwicklung in ausgewählten EU-Ländern bis 2060
(BMWi 2008, A.G14a)

2.2.3 Auswirkungen auf das Erwerbspersonenpotenzial

Zum Erwerbspersonenpotenzial zählt man alle Personen, die in einer Volkswirtschaft für den Arbeitsmarkt zur Verfügung stehen. Dazu gehören, neben den Erwerbstätigen, die Arbeitslosen sowie die stillen Reserven, die sich aus Selbstständigen, Hausfrauen, Schülern und nebenerwerbssuchenden Rentnern zusammensetzen (vgl. Fuchs et al. 2005, S.1). Nach ursprünglicher Definition basiert das Erwerbspersonenpotenzial der Bevölkerung zwischen 15 und 64 Jahren, da jedoch die Mehrheit der unter 20-Jährigen in der Ausbildung ist, betrachtet man zumeist die Altersgruppe der 20 bzw. bei höher Qualifizierten 25 bis 64-Jährigen (vgl. Schäfer, Seyda 2004, S. 113 f.).

Der in Deutschland bereits eingesetzte Alterungs- und Schrumpfungsprozess der Bevölkerung wird unausweichliche Konsequenzen für das Erwerbspersonenpotenzial mit sich bringen. Unausweichlich, da die unter dem Reproduktionsfaktor liegende Geburtenrate auch durch familienpolitische Maßnahmen und verstärkte Zuwanderung nicht ausgeglichen, sondern lediglich abgemildert werden kann.

Es ist unrealistisch, dass die Familienpolitik einen plötzlichen Anstieg der Geburten auf das Reproduktionsniveau auslösen kann und in den kommenden Jahren werden, als Ausgleich des Geburtendefizits und zur Gegensteuerung der starken Alterung, praktikable Einwanderungszahlen nicht ausreichen.

Die politischen, gesellschaftlichen und wirtschaftlichen Akteure müssen sich demnach intensiv mit der demographischen Entwicklung als entscheidenden Trend für die Zukunft beschäftigen und sich auf die Auswirkungen einstellen. Für die Wirtschaft sind die Auswirkungen auf das Erwerbspersonenpotenzial von zentraler Bedeutung. Das Potenzial ergibt sich aus der Anzahl der 20 bis 65-Jährigen, so dass diese Altersgruppe eine besondere Bedeutung hat.

In Abbildung 2.10 wird die Gruppe der 25 bis 65-Jährigen dargestellt, die bereits seit 2006 schrumpft und bis 2050 weiter abnehmen wird. Die Auswirkungen der demographischen Entwicklung finden demnach nicht in ferner Zukunft statt, sondern zeigen bereits heute ihren Niederschlag in der Anzahl der potentiellen Arbeitskräfte.

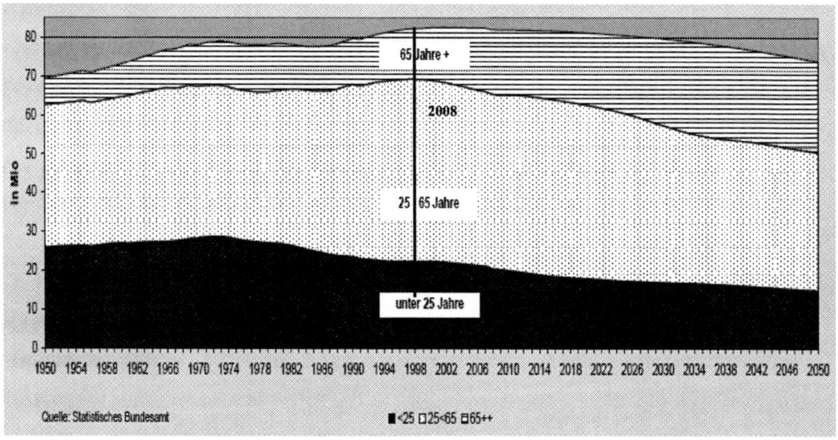

Abbildung 2.10: Entwicklung der Bevölkerung nach Altersgruppen

(BMWi 2008, A.G3)

Doch nicht nur die Anzahl des zur Verfügung stehenden Erwerbspersonenpotenzials verändert sich, sondern, analog zur Bevölkerungsentwicklung, auch deren Zusammensetzung. Die Verschiebung der Altersstruktur tritt schneller ein als der Rückgang der Erwerbspersonen und vollzieht sich in dramatischem Umfang bereits in den nächsten 10 Jahren (vgl. Markierung in Abbildung 2.11).

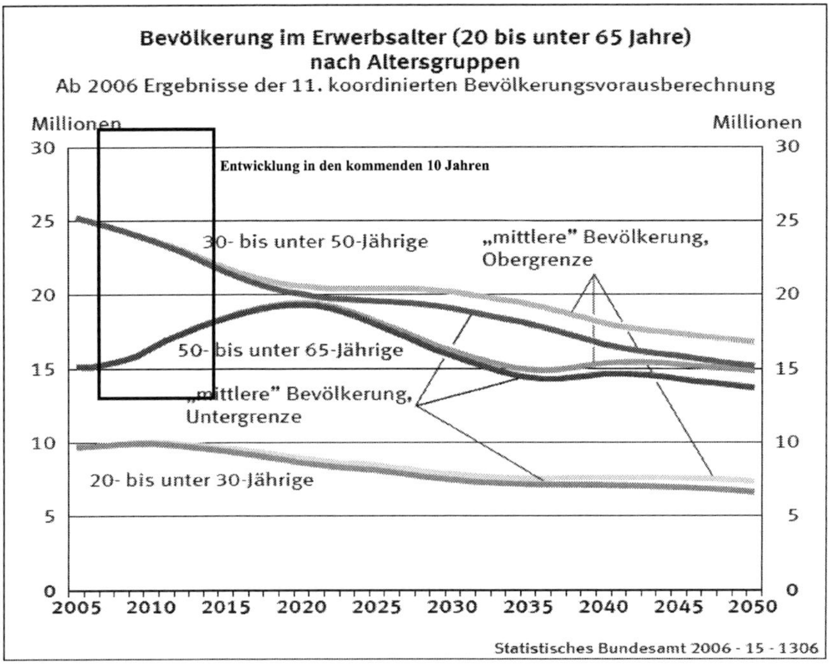

Abbildung 2.11: Bevölkerung im Erwerbsalter nach Altersgruppen
(Eisenmenger et al. 2006, S. 21, genaue Zahlen vgl. Anhang 4)

Die Gruppe der 50 bis 65-Jährigen wird bis 2020 durch den Eintritt geburtenstarker Jahrgänge in dieser Altersgruppe so stark zunehmen, dass in den nächsten Jahren die deutliche Abnahme der unter 50-Jährigen durch diesen Anstieg kompensiert wird. Der Rückgang der Bevölkerung, im sogenannten Alter der Leistungsträger zwischen 30 und 50 Jahren, ist selbst im positiven Fall der Bevölkerungsvorausrechnung nicht zu stoppen und wird kontinuierlich weitergehen. Die unter 30-jährigen Erwerbspersonen nehmen ab 2012 ebenfalls stetig ab. Nach 2020 nimmt die Zahl der über 50-Jährigen aufgrund des Eintritts geburtenstarker Jahrgänge in die Rente ab. Ab diesem Zeitpunkt beschleunigt sich, nach der Alterung in der ersten Phase der Entwicklung, die Abnahme der Erwerbspersonen. Für das Erwerbspersonenpotenzial gewinnen die älteren Mitarbeiter mit jedem Jahr an Bedeutung (vgl. Eisenmenger et al. 2006, S. 20 ff.).

Die Anhebung des Renteneintrittsalters auf 67 Jahre wird, in den beiden dargestellten Varianten der „mittleren" Bevölkerung, die Anzahl der Personen im Erwerbsalter bis 2030 um mehr als 2,5 Millionen Menschen erhöhen (vgl. Eisenmenger et al. 2006, S.21), aber auch die Alterung vorantreiben. Der Fokus im Rahmen dieser Arbeit liegt nicht auf der quantitativen Veränderung des Erwerbspersonenpotenzials, sondern auf dieser Veränderung der Zusammensetzung. Es soll nicht darum gehen, Lösungsstrategien für Rekrutierungsengpässe zu diskutieren und Herausforderungen im Zusammenhang mit einer verlängerten Beschäftigung von Leistungsträgern, der Erhöhung des Anteils an Frauen sowie ausländischen Arbeitskräften oder der Nachwuchsgewinnung und –bindung zu erörtern. Diese möglichen Lösungsansätze zur Verhinderung des Rückgangs der verfügbaren Erwerbspersonen, die nicht unproblematisch sind (vgl. Schneider, Stein 2006, S. 7), bilden keinen Gegenstand dieser Arbeit, die sich mit den Auswirkungen der Verschiebung der Altersstruktur und der zunehmenden Zahl von Mitarbeitern in der zweiten Berufslebenshälfte in den Unternehmen beschäftigt.

2.2.4 Auswirkungen auf den Arbeitsmarkt

Am Arbeitsmarkt kommen Anbieter, d.h. Arbeitnehmer oder das Erwerbspersonenpotenzial und Nachfrager nach menschlicher Arbeitsleistung, d.h. Arbeitgeber, zusammen. Wie auch bei anderen Märkten sind Homogenität, Transparenz und Mobilität zumeist nicht gegeben und der Gesamtmarkt kann in heterogene

Teilmärkte unterteilt werden. Die Heterogenität der Arbeitskräfte ist hierfür an erster Stelle ausschlaggebend, da diese, bei unterschiedlicher Qualifikation und Kompetenz, für die Unternehmen mehr oder weniger wertvoll sind, so dass der Arbeitsmarkt vertikal segmentiert ist (vgl. Fritsch 1994, S. 22 ff.). Weitere Teilmärkte des gesamten außerbetrieblichen Arbeitsmarktes sind beispielsweise die internen Arbeitsmärkte von Konzernen, Unternehmen und Verwaltungen (vgl. Öchsler 1994, S. 124). Die demographische Entwicklung wirkt nicht nur auf den Arbeitsmarkt ein, sondern es bestehen auch wechselseitige Interdependenzen, die im Rahmen von makroökonomischen Arbeitsmarktmodellen dargestellt werden können, aber nicht Gegenstand dieser Arbeit sind.

2.2.4.1 Arbeitskräfteangebot

Neben der quantitativen Entwicklung des Erwerbspersonenpotenzials, das sich aus der Bevölkerungsentwicklung in der erwerbsfähigen Altersgruppe ergibt und bereits mit seinen Veränderungen dargestellt wurde, ist die Entwicklung der Erwerbsbeteiligung der Bevölkerung eine entscheidende Determinante für die Angebotsseite am Arbeitsmarkt. Tabelle 2.2 verdeutlicht, dass, neben dem demographischen Effekt der Bevölkerungsentwicklung und dem Migrationseffekt, das Verhalten der Erwerbsfähigen das Angebot für den Arbeitsmarkt bestimmt.

Die Erwerbsbeteiligung gestaltet sich je nach Altersgruppe und Geschlecht unterschiedlich, so dass für eine Gesamtaussage unterschiedliche Bevölkerungsgruppen betrachtet werden müssen. Im Rahmen dieser Arbeit ist dies nur für einzelne Beispielgruppen und nicht in vollem Umfang zu leisten. Der höchste Anteil der Personen, die erwerbstätig oder arbeitssuchend sind, ist in der Gruppe der Männer zwischen 30 und 55 Jahren vorzufinden. Aufgrund ihrer insgesamt hohen Erwerbsneigung erreichen diese eine Quote von stabilen 90 Prozent, ohne dass hier in der Zukunft eine Veränderung zu erwarten wäre (vgl. Eckerle, Oczipka 1998, S. 30 ff).

Komponenten der Entwicklung des Erwerbspersonenpotenzials – Deutschland insgesamt, in 1000 Personen –				
Zeitraum	Demo-grafischer Effekt	Verhaltens-effekt	Migrations-effekt bei Wanderungs-saldo 200.000	Gesamt-effekt
von 2004 bis 2020	-4.341	974	1.989	-1.378
von 2020 bis 2050	-13.856	378	5.820	-7.658
gesamter Zeitraum 2004 bis 2050	-18.196	1.352	7.808	-9.036

Tabelle 2.2: Komponenten der Entwicklung des Erwerbspersonenpotenzials
(Fuchs, Dörfler 2005, S. 2)

In allen Altersgruppen liegt die Erwerbsbeteiligung der Frauen unter der Quote der Männer, wobei dies insbesondere auf verheiratete Frauen zutrifft. Bis 2030 wird mit einem starken Anstieg der Erwerbsquote der Frauen im Alter von 30 bis 55 Jahren gerechnet (vgl. Schulz 2000, S. 814 f.). Sowohl bei den Frauen, als auch bei den Männern der Altersklasse der 60- bis 65-Jährigen, verändert sich die Erwerbsbeteiligung aufgrund rentenrechtlicher Veränderungen und aufgrund des Abbaus der Frührenten- und Altersteilzeitanreize. Auch in den nächsten Jahren kommt es zu einem erheblichen Anstieg der Beschäftigungsquote und einem längeren Verbleib in der Erwerbsphase (vgl. Hirschenauer 2007, S. 8). Der Altersübergangsmonitor des Instituts für Arbeit und Qualifikation hat ergeben, dass die Erwerbstätigkeit der 55- bis 64-Jährigen in den letzten 10 Jahren von 38 auf 48 Prozent gestiegen ist (vgl. Brussig, 2007). Innerhalb der Europäischen Union hat Deutschland damit den höchsten Zuwachs realisiert und kann das Ziel, bis 2010 eine 50-prozentige Alterserwerbsbeteiligung zu haben, realistisch erreichen. Deutsche Arbeitnehmer gehen heute im Durchschnitt mit 63,2 Jahren in Rente, wobei auch für diese Zahl in den kommenden Jahren mit einer Steigerung zu rechnen ist, denn es hat ein grundsätzlicher Paradigmenwechsel - von der Früh- zur Spätverrentung - stattgefunden (vgl. Hübner et al. 2003; S. 22 ff.).

Im Gesamtergebnis ist die deutliche Alterung des Arbeitskräfteangebotes in Deutschland festzuhalten, die mit dem Prognosehorizont 2030 in Abbildung 2.12 durch die Darstellung der einzelnen Altersgruppen auf einen Blick deutlich wird.

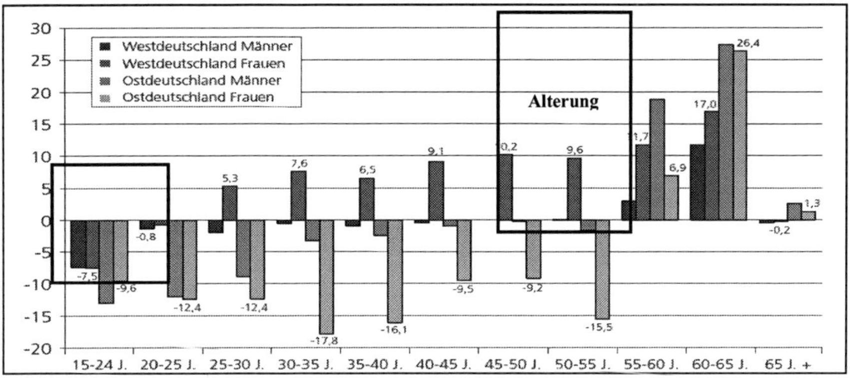

Abbildung 2.12: Differenz der altersspezifischen Erwerbspersonenpotenzialquote 1995 und 2030

(Huber et al. 2002, S. 73)

Quantitativ betrachtet steigt das Arbeitskräfteangebot in den alten Ländern bis 2015 noch deutlich an und geht erst ab 2020 stetig zurück. Da in den neuen Bundesländern weder steigende Erwerbsquoten noch positive Wanderungssalden vorliegen und auch nicht zu erwarten sind, ist das Arbeitskräfteangebot dort bereits heute und in vergleichsweise hohem Umfang kontinuierlich rückläufig (vgl. Bonin et al. 2007, Tab. 36 S. 136). Für den gesamtdeutschen Arbeitsmarkt bedeutet dies, wie in Abbildung 2.13 zu sehen, dass bereits nach 2010, in der positivsten Variante in 2013, das Arbeitskräfteangebot deutlich zurückgeht.

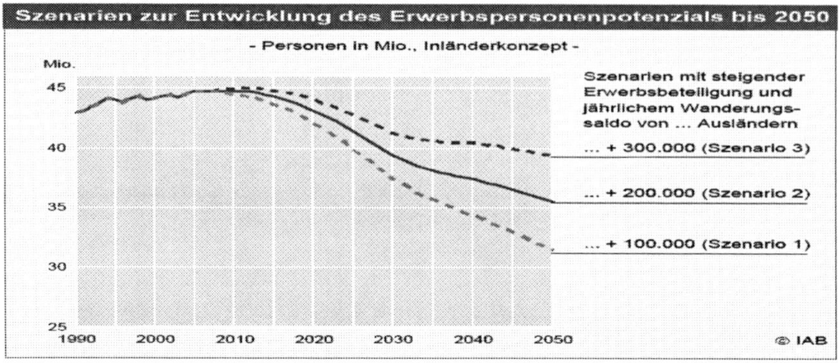

Abbildung 2.13: Szenarien zur Entwicklung des Erwerbspersonenpotenzials bis 2050

(Fuchs, Dörfler 2005, S. 1)

Vor allem der in den alten Ländern zu erwartende Zuwachs ist mit einer starken Verschiebung der Qualifikationsstruktur in Richtung Höherqualifizierung verbunden. Die Erwerbspersonen mit Hochschulabschluss nehmen mit der größten Steigerung zu (s. Anhang 5). Bis 2020 könnten 20 Prozent der Erwerbspersonen über einen entsprechenden Abschluss verfügen. Der Anteil der Personen mit abgeschlossener Berufsausbildung geht zwar zurück, diese Gruppe stellt aber auch zukünftig mit 55 Prozent Gesamtanteil die stärkste Qualifikationsstufe dar (vgl. Bonin et al. 2007).

2.2.4.2 *Arbeitskräftenachfrage*

Bis 2020 steigt nach der Prognose des Instituts für Zukunft und Arbeit (vgl. Bonin et al. 2007) der Bedarf an Erwerbstätigen ohne Ausbildung und geringfügig Beschäftigte um 1,7 Millionen Personen an. Dieser Anstieg wird durch den Nachfragezuwachs von 2,7 Millionen in den alten Bundesländern verursacht, da in den neuen Ländern im gleichen Zeitraum ein Rückgang von knapp einer Million zu erwarten ist. Um eine weitere Million steigt die Zahl bundesweit im

Zeitraum zwischen 2020 und 2035 an. Die Nachfrageexpansion kommt dabei hauptsächlich aus dem Bereich der öffentlichen und privaten Dienstleistungen. Auch Unternehmensdienste und der Finanzsektor werden sich weiter positiv entwickeln. Der Anteil des verarbeitenden Gewerbes an der Arbeitskräftenachfrage wird dagegen um rund ein Fünftel abnehmen und hat damit den stärksten Rückgang zu verzeichnen. Der primäre Sektor verliert ebenfalls weiter an Bedeutung und in Deutschland findet auch in den kommenden Jahren eine zunehmende Verlagerung zum tertiären Sektor hin statt.

Diese Entwicklung findet ihren Niederschlag in der Zusammensetzung des zukünftigen Erwerbstätigenbedarfs und der Arbeitskräftenachfrage. Aufgrund der unterschiedlichen Entwicklung der Wirtschaftszweige wird sich die Bedarfssteigerung bis 2020 auf die hoch qualifizierten und gut ausgebildeten Personen konzentricren. Konkret bedeutet diese Entwicklung, dass der Bedarf an Hochschulabsolventen, Meistern, Technikern, aber auch Fachabschlüssen steigt, während weniger qualifizierte Personen in immer geringerem Umfang am Arbeitsmarkt nachgefragt werden (vgl. Bonin et al. Tab. 21 S. 99). Auch auf der Nachfrageseite bleibt im Prognosezeitraum insgesamt die Gruppe der Erwerbspersonen mit Berufsabschluss von größter quantitativer Bedeutung.

2.2.4.3 Entwicklung des Arbeitsmarktsaldos

Aus den dargestellten Entwicklungen des Arbeitskräfteangebots und der – nachfrage ergibt sich die Gesamtentwicklung des Arbeitsmarktes, die durch Abbildung 2.14 graphisch veranschaulicht wird.

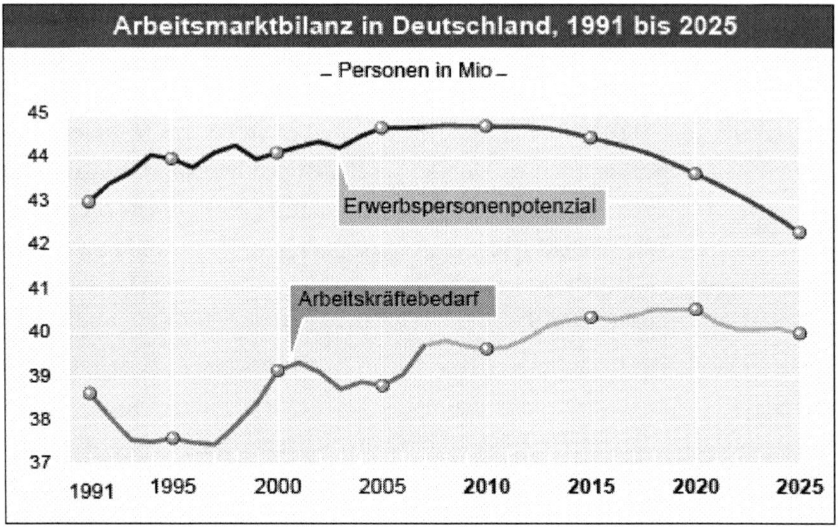

Abbildung 2.14: Arbeitsmarktbilanz in Deutschland 1991 bis 2025
(Schnur, Zika 2007)

Es zeigt sich, dass bereist in dieser Prognose der Arbeitskräftebedarf das Erwerbspersonenpotenzial nicht übersteigen wird. Auch die Prognosen des Instituts zur Zukunft der Arbeit (Bonin et al. 2007) kommen zu dem Ergebnis, dass der deutliche Rückgang des Erwerbspersonenpotenzials durch die demographische Entwicklung weder eine Unterbeschäftigung in Form von Arbeitslosigkeit verhindert, noch die Mobilisierung sämtlicher stillen Reserven auslöst. Der heute bereits in Teilbereichen des Arbeitsmarktes zu verzeichnende Engpass an qualifizierten Arbeitskräften wird sich jedoch durch die Struktur- und Altersentwicklungen auf Angebots- und Nachfrageseite deutlich verschärfen.

Für Unternehmen wird es immer schwieriger werden die benötigten Fach- und Führungskräfte vom Arbeitsmarkt zu rekrutieren. Insbesondere bei den Nachwuchskräften wird es hier zu gravierenden Problemen kommen. Die zweite, weit reichende Konsequenz der Entwicklungen stellt die Alterung des Erwerbspersonenpotenzials dar, die dazu führt, dass sich neben der Verknappung junger Mitarbeiterressourcen ein immer größerer Anteil an Mitarbeitern in der zweiten Berufslebenshälfte befindet. In den Unternehmen stellen diese Mitarbeiter, durch den längeren Verbleib in der Erwerbsphase und die Alterung der geburtenstarken Babyboomjahrgänge, eine immer größere Gruppe dar (vgl. Deutscher Bundestag 2002).

2.3 Konsequenzen für Unternehmen und die Alterszusammensetzung betrieblicher Belegschaften

Für die Unternehmen bedeutet die Alterung der Belegschaften zum einen, dass der interne Arbeitsmarkt zur Erschließung von Qualifikationen und Kompetenzen immer wichtiger wird. Zum anderen müssen sie sich darauf einstellen, mit deutlich älteren Belegschaften erfolgreich zu sein. Die bisher beliebte Strategie zur Erhaltung der Leistungs- und Innovationsfähigkeit der Unternehmen, sowie zur Sicherung des benötigten Qualifikationsniveaus einen möglichst frühzeitigen Generationswechsel der Mitarbeiter anzustreben (vgl. Behrend 2002, S. 37), wird zukünftig nicht mehr tragfähig sein. In Zukunft wird es immer weniger jugendzentrierte und auch komprimiert altershomogene Belegschaften geben und dafür immer mehr alterszentrierte Belegschaften (vgl. Anhang 6, Idealtypische Altersverteilung nach Fraunhofer IAO).

2.3.1 Auswirkungen in Unternehmen sind unterschiedlich

Die Alterung in den deutschen Unternehmen ist jedoch kein homogener Prozess, sondern variiert je nach Branchen, Betriebstypen, Arbeitsstrukturen und Qualifikationsstrukturen (vgl. Strauss 2004, S. 189) in zeitlicher und umfänglicher Hinsicht. Die Darstellung des Instituts für Arbeitsmarkt und Berufsforschung (Abbildung 2.15) zeigt, dass bereits bei einer dreistufigen Untergliederung des Qualifikationsniveaus sehr veränderte Problemstellungen resultieren.

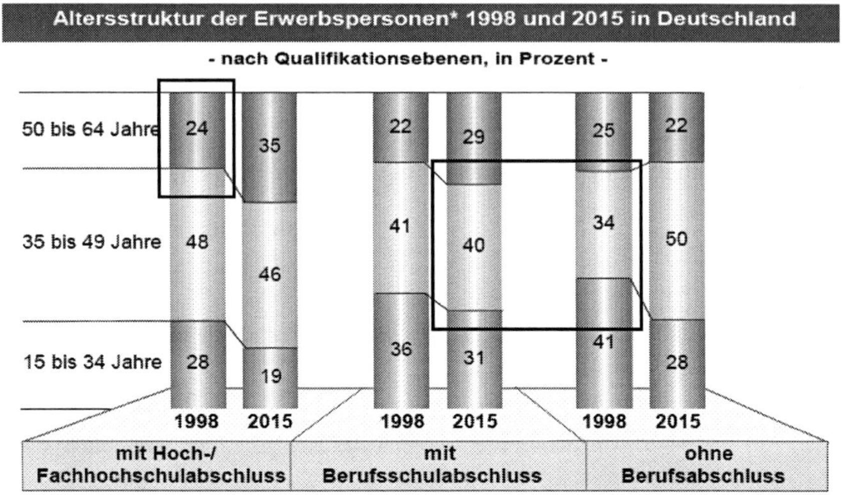

Abbildung 2.15: Altersstruktur der Erwerbspersonen 1998 und 2015 nach Qualifikationsebenen (Reinberg, Hummel 2003, S. 1)

Während die Personengruppe ohne Berufsabschluss durch eine starke Zunahme der mittleren Altersgruppe abnimmt, sind es bei den Beschäftigten mit Hochschulabschluss die über 50-Jährigen, die sprunghaft und überproportional zunehmen. Der Zeithorizont der Darstellung unterstreicht wiederum die Aktualität der Problematik alternder Belegschaften. Ihr Umfang und ihr Verlauf mögen unterschiedlich sein, ein Sachverhalt ist annähernd immer gegeben: Die Alterung findet, in unterschiedlicher Form, bereits jetzt sowie in naher Zukunft statt und ist keine Fiktion. Neben dem Qualifikationsniveau ist die geographische Lage des Arbeitsnachfragegebietes der Unternehmen ein weiteres Kriterium für die Verschiedenheit der Situation und stellt die regionale Dimension der Problemstellung dar (vgl. Brandenburg, Domschke 2007, S. 55 ff.). Abbildung 2.16 zeigt, dass die Veränderung der Bevölkerungszahl nicht nur zwischen den einzelnen Bundesländern und Wirtschaftsregionen, sondern auch zwischen einzelnen Kreisen sehr unterschiedlich ist. Dies gilt nicht nur für die Bevölkerungszahlen, sondern auch für die Alterung, die ebenfalls vor allem in den neuen Ländern früher eingesetzt hat und drastischer verläuft (vgl. Anhang 7).

Abbildung 2.16: Bevölkerungsveränderung 2002 bis 2020
(Bucher et al. - Bundesamt für Bauwesen und Raumordnung – 2006, S. 6)

Die beiden Beispiele für die Unterschiedlichkeit der Auswirkungen der demographischen Entwicklung auf das Arbeitskräfteangebot und der Belegschaften zeigen, dass es für die Problemlösung in den Unternehmen keine einheitlichen Ansätze geben kann. Die Unternehmen müssen sich im ersten Schritt mit ihrer individuellen Situation auseinandersetzen und hierfür eine gründliche Analyse der innerbetrieblichen Strukturen und Rahmenbedingungen vornehmen.

Die Altersverteilung der Mitarbeiter kann nicht in einfacher, komprimierter Form fortgeschrieben werden. Das einzelne Unternehmen muss, unter Berücksichtigung der Tätigkeits-, Qualifikations- und Kompetenzebenen, Mitarbeitergruppen erarbeiten und deren Alter in der Zukunft fortschreiben. Nur so können Problemfelder und der konkrete Handlungsbedarf identifiziert werden. Ein Beispiel einer Altersstrukturanalyse findet sich in Anlage 8 und vermittelt einen Eindruck von den differenzierten Problemstellungen innerhalb eines Unternehmens (vgl. Riechenhagen 2003, S. 9; Struß, Thommen 2004, S. 14; Brandenburg, Domschke 2007, S. 118 ff.; Schömmel, Hofmann 2007, S. 6 ff.).

2.3.2 <u>Alterung der Belegschaften als zentrale Herausforderung</u>

„Der Umgang mit alternden Belegschaften ist eine zentrale Herausforderung für die nächsten Jahre" (Koch 2006, S. 1) und die bessere Nutzung des Potenzials der Erwerbsbevölkerung ist die Hauptaufgabe der Unternehmen (vgl. Hübner et al. 2003, S. 7 ff.). Die absolute Verknappung der Arbeits- und Nachwuchskräfte wird grundsätzlich später einsetzen als die bereits stattfindende Alterung der Belegschaften. Wie dargestellt, wird die Alterung, die bereits stattfindet und durch den Erwerbspersonenrückgang noch verschärft wird, die Fach- und Führungskräfte besonders früh und in sehr hohem Umfang betreffen. Vor diesem Hintergrund wird die Problemstellung auf die älteren Fach- und Führungskräfte fokussiert und die Mitarbeiter in der zweiten Berufslebenshälfte sind Gegenstand der Problemstellung.

Vertreter aus der Forschung, aber auch der unterschiedlichen Initiativen von Ministerien, Stiftungen und Verbänden, versuchen bereits seit einigen Jahren die Unternehmen für diese Herausforderungen zu sensibilisieren und Handlungsansätze aufzuzeigen. Einige Beispiele solcher Initiativen sind an dieser Stelle aufgeführt:

- BMBF – Bundesministerium für Bildung und Forschung: Transferprojekte zum Demographischen Wandel („Demowerkzege"/„Demotrans")
- BMAS – Bundesministerium für Arbeit und Soziales: „Der Demograph"
- Die Bundesregierung: Initiative „Erfahrung ist Zukunft"
- DIHK – Deutscher Industrie und Handelskammertag: „Generation Erfahrung"
- INQA - Initiative Neue Qualität der Arbeit: Qualifizierungsangebot zum Demographieberater
- Bertelsmann Stiftung: Leitprojekt „Aktion Demographischer Wandel" und Projekt „Wegweiser Kommune" vormals „Wegweiser Demographischer Wandel"
- vbw – Vereinigung der bayerischen Wirtschaft e.v. / BayME / VBM: „Mit Erfahrung Zukunft meistern - Wettbewerbsfähigkeit mit älteren Mitarbeitern"

Doch das Thema ist noch lange nicht wirklich bei den Unternehmen angekommen (vgl. Voelpel et al. 2007, S. 32; Baigger 2005, Kistler 2005, S. 30). Lediglich etliche Konzerne und große Unternehmen setzten sich mit der Alterung der Belegschaften auseinander (bspw. Kompassprozess der Siemens AG oder das mit dem deutschen Personalwirtschaftspreis ausgezeichnete „Two4One" Projekt der E.ON AG) und stimmen die Instrumente der Personalarbeit gezielt auf die neuen Anforderungen ab. Die Mehrheit der KMU´s hingegen hat sich bis heute noch nicht auf die Herausforderungen eingestellt.

Eines ist sicher: Rückenschule und Projekte zur Gesundheitsprävention werden nicht ausreichen, um den vielschichtigen Problemen durch immer größere Gruppen an älteren Mitarbeitern zu begegnen (vgl. Lindemann 2005, S. 20 f.). Das Fraunhoferinstitut für Arbeitswirtschaft und Organisation (IAO) hat, aufbauend auf der Veränderung in den Rahmenbedingungen und der abgeleiteten Anforderungen sowie den Entwicklungen auf dem Arbeits- und Absatzmarkt, fünf zentrale Herausforderungen für die Zukunftsfähigkeit mit alternden Belegschaften identifiziert (Abbildung 2.17). Neben den Themen Gesundheit, Motivation, Wandlungsfähigkeit und Innovationskultur ist der Begriff Kompetenz von zentraler Bedeutung.

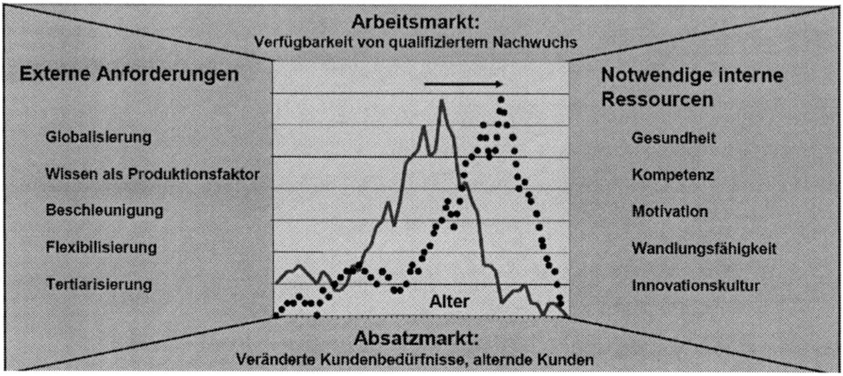

Abbildung 2.17: Handlungsfelder durch steigende Anforderungen
(Buck 2008, S. 2)

Es wird für Unternehmen darum gehen, das Kapital, das in den Kompetenzen der älteren oder erfahrenen Mitarbeitern in der zweiten Berufslebenshälfte liegt, zu sichern, zu nutzen und zu entwickeln (vgl. Lindemann 2005, S. 17). Neben den Informationen aus der Altersstrukturanalyse wird, für ein strategisches Personalmanagement und zur betriebsspezifischen Konzeption personalpolitischer Instrumente, der Bereich des Kompetenzmanagements von großer Bedeutung sein. Denn wenn Kompetenzen und Erfahrungen von Mitarbeitern nicht hinreichend bekannt und transparent darstellbar sind, werden sie vielfach nicht oder nicht in ausreichendem Umfang genutzt (vgl. Schömmel, Hofmann 2007, S. 15 ff.). Das Brachliegen von Kompetenzen und Mitarbeiterressourcen, gerade im Bereich der zweiten Berufslebenshälfte, werden sich Unternehmen in Zukunft, aufgrund der dargestellten Entwicklung des Arbeitskräftepotenzials, nicht mehr leisten können. Kompetenzmanagement und insbesondere die Integration der älteren Mitarbeiter werden zum Erfolgsfaktor für das Human Ressourcen Management im Unternehmen.

2.4 Fazit: Demographische Entwicklung bringt Herausforderungen

Durch die rückläufige Bevölkerungsentwicklung sowie die steigende Lebenserwartung verschiebt sich die Altersstruktur der deutschen Bevölkerung. Eine alternde Gesellschaft hat auch ältere Belegschaften in den Unternehmen zur Folge. Die Alterung findet, langsam oder schon schnell, bei einzelnen Mitarbeitergruppen oder längst der gesamten Belegschaft, bereits heute statt und die Auseinandersetzung mit den Konsequenzen im Unternehmen ist daher dringlich. Unternehmen, die es verpassen, diesen Faktor rechtzeitig in ihr strategisches Personalmanagement aufzunehmen, werden von den Auswirkungen auf die Belegschaft überrollt und können ihre Position im Wettbewerb kaum halten.

Für Unternehmen wird es darum gehen, auch mit alternden oder älteren Fach- und Führungskräften leistungs- und innovationsfähig zu bleiben. Hierzu müssen die Unternehmen der gesteigerten Bedeutung des Human Ressourcen Managements und dem strategischen Personalmanagement Rechnung tragen und diesen Bereich entsprechend gewichten. Die Betriebe müssen das Kompetenzmanagement ausweiten und hier nicht nur Nachwuchskräfte und High Potentzials, sondern nun vor allem auch die Fach- und Führungskräfte in der zweiten Berufslebenshälfte integrieren. Somit werden auch an Kompetenzmanagement und dessen Instrumente neue Anforderungen gestellt, die Gegenstand der weiteren Kapitel dieser Arbeit sein sollen.

KAPITEL 3

Mitarbeiter in der zweiten Berufslebenshälfte

INHALT:

Nicht nur der Anteil der Mitarbeiter in der zweiten Berufslebenshälfte und ihre Bedeutung werden sich in deutschen Unternehmen deutlich erhöhen, sondern das Bild dieser Mitarbeitergruppe wird sich verändern. Die bisher als Stereotyp verbreitete Meinung, ältere Mitarbeiter seien grundsätzlich weniger leistungsfähig als ihre jüngeren Kollegen, wird einer neuen Wertschätzung der Potenziale dieser älteren Mitarbeiter weichen müssen. Zahlreiche Studien und empirische Untersuchungen haben bereits gezeigt, dass das Defizitmodell ausgedient hat und die Leistungsdifferenzen innerhalb einer Altersgruppe zumeist deutlich größer sind, als der Unterschied zwischen jüngeren und älteren Mitarbeitern. Die Abnahme physiologischer Funktionen, wie beispielsweise der Muskelkraft oder des Sehvermögens, kann durch eine entsprechende Arbeitsplatzgestaltung kompensiert werden. Auftretende Defizite werden durch die Zunahmen anderer Fähigkeiten, wie der Urteilsfähigkeit, des komplexen Denkvermögens und dem situativen Handeln, ausgeglichen. Das Personal- und Kompetenzmanagement ist gefordert, die Erwerbsbiographie der Mitarbeiter in der zweiten Beruflebenshälfte zu berücksichtigen und auf langjähriger Erfahrung basierende Kompetenzen zu erkennen und zu nutzen.

AUFBAU:

In diesem dritten Kapitel stehen die Mitarbeiter in der zweiten Berufslebenshälfte sowie deren altersbedingte Entwicklung im Fokus. Nach einer Abgrenzung dieser Mitarbeitergruppe und der Erörterung verschiedener Altersbilder werden die Faktoren für die Entwicklung der Leistungsfähigkeit und Kompetenzen herausgearbeitet. Um die Mitarbeiter in der zweiten Berufslebenshälfte im weiteren Verlauf der Arbeit im Kontext des Kompetenzmanagements untersuchen zu können, werden in diesem Kapitel, neben dem Bereich der Leistungsfähigkeit, auch Kompetenzdimensionen im Zusammenhang mit Alterungsprozessen dargestellt. Die Bedeutung von Erfahrung und Erfahrungswissen wird herausgearbeitet und zeigt am konkreten Beispiel, dass den negativen Vorurteilen aber auch Entwicklungen Aufbauprozesse gegenüberstehen, die Stärken älterer Mitarbeiter darstellen. Den Abschluss des Kapitels bildet ein Überblick zu den Konsequenzen für das Personalmanagement in Unternehmen.

3.1 Definition von Alter und Abgrenzung der Mitarbeitergruppe in der zweiten Berufslebenshälfte

Im Rahme der Fragestellung dieser Arbeit ist das Alter das signifikante Merkmal für die Mitarbeiter in der zweiten Berufslebenshälfte, so dass nach der Auseinandersetzung mit einigen Aspekten des Alters diese Mitarbeitergruppe abgegrenzt werden muss.

3.1.1 Unterschiedliche Auffassungen von Alter

Die Frage nach dem Beginn von Alter ist für einzelne Individuen, wie auch im gesellschaftlichen und wirtschaftlichen Kontext, von großer Bedeutung und bietet erhebliches Diskussionspotenzial. Ab wann ein Mensch alt, oder auch zu alt ist, kann aus unterschiedlichen Perspektiven völlig verschieden definiert werden. Ein Kind bewertet oft schon Menschen ab Mitte 20 als alt, während eine 80-jährige Person einen 50-jährigen Menschen als jung einstuft. In einigen Sportarten ist die Grenze für ein professionelles Leistungsniveau bereits mit 30 Jahren erreicht. Wenn der Bundespräsident mit 61 Jahren sein neues Amt antritt, hält ihn niemand für zu alt (vgl. Lindemann 2005, S. 17) und Alan Greenspan war mit 71 Jahren, als Vorsitzender der US-Notenbank, einer der mächtigsten Banker der Welt (vgl. Brandenburg, Domschke 2007, S. 106). Eine empirische Studie zum Beginn des Alters ermittelte für Frauen die Durchschnittszahl 56 und für Männer einen Zahlenwert von 59 Jahren (vgl. Piel 1989, S. 52 ff.). Bei der Berliner Altersstudie, die die Lebensbedingungen alter Menschen untersucht, waren dagegen Frauen und Männer zwischen 70 und 95 Jahren Gegenstand der Untersuchung (vgl. Mayer, Baltes 1999, S. 56). Bereits diese kurze Reihe veranschaulicht die extreme Spannweite des Begriffs Alter.

Die Begriffsgeschichte des Wortes „alt" geht auf das 8. Jahrhundert zurück und war damals in der Bedeutung „gewachsen" oder auch „erwachsen" wertneutral (vgl. Kluge 1999). Heute ist festzustellen, dass der Begriff „alt", zumindest im Zusammenhang mit Personen, in vielen Kulturen überwiegend negativ besetzt ist (Kite, Johnson 1988). Die Stereotypen von Alter wurden durch soziale und kulturelle Einflussgrößen als standardisierte, festgefahrene Wertvorstellung und Übergeneralisierung herausgebildet. Dabei gibt es nicht einen Stereotyp für „die Alten", sondern es werden verschiedene Subkulturen älterer Menschen konstruiert, denen dann Eigenschaften und Verhaltensweisen zugeschrieben werden (vgl. Hummert et al. 1995).

Welche Stereotypen als Beurteilungsgrundlage für Altersklassen zum Tragen kommen, ist nicht nur vom wahrgenommenen Alter abhängig, sondern variiert auch je nach Geschlecht, Situation und Kontext. Unternehmen mit einer jugendzentrierten Belegschaft und einer entsprechenden Unternehmenskultur werden hier beispielsweise eine andere Sichtweise zeigen, als ein Anbieter von Produkten und Dienstleistungen für ältere Menschen (vgl. Eberherr et al. 2006, S. 11 f.). Neben diesen Faktoren für eine divergente Fremdeinschätzung, besteht prinzipiell zwischen dem tatsächlichen und dem gefühlten Alter von Individuen eine beträchtliche Differenz (vgl. Filipp, Ferring 1989). Außer den subjektiven Befindlichkeiten ist für die Bewertung des Alters das Denkmuster der gegenwärtigen sozialen Struktur eine ausschlaggebende Einflussgröße.

Gegenstand der Wissenschaft ist bereits seit geraumer Zeit nicht mehr lediglich die Altersforschung, sondern die Alternsforschung. Die Gerontologie beschäftigt sich vor dem Hintergrund, dass Altern bereits nach der Adoleszenz einsetzt und sowohl Auf- als auch Abbauprozesse umfasst, nicht allein mit dem Alter, sondern mit dem gesamten Prozess des Älterwerdens, der bereits ab dem 30. Lebensjahr beginnt (vgl. Lehr 1996, S. 14 f.). Zu den elementaren Ergebnissen der Forschung gehört die Individualität des Alterns. Gemeint ist nicht nur die große Heterogenität des Alterns und alter Menschen, sondern auch die unterschiedliche Alterung verschiedener Funktionsbereiche eines Menschen (vgl. Baltes 1996, S. 35).

In der Summe kann Alter nach Baltes (1996) anhand unterschiedlicher Kriterienbereiche differenziert und dargestellt werden:

- Biographie und Lebenserfahrung
- Erworbene Kompetenz,
- Gedächtnisleistung und Intelligenz
- Situative Handlungskompetenz
- Selbstwertgefühl und Lebensfreude.

Nicht nur diese Abgrenzungsmethodik erbringt aufgrund einer vergleichsweise großen Zahl an Faktoren bzw. Determinanten kein eindeutiges Ergebnis der Definition von Alter. Auch die Bildung von Altersphasen, aufgrund anthropologischer Grundkonstanten, die einen Lebenslauf in die unterschiedlichsten Phasen gliedern, führt zu diversen Modellen, deren Unterteilungen von zwei großen Lebensphasen bis hin zu sechs Phasen und mehr reichen (vgl. Zdarzil, Olechowki 1976, S. 111 ff.).

Zur Bestimmung des Zustandes Alter oder zur Definition von dessen Beginn kann somit weder auf eine kalendarische Größe noch auf eine verbindliche Einteilung von Lebensphasen zurückgegriffen werden und selbst unter Experten gibt es keine allgemein akzeptierte, präzise Begriffsabgrenzung (Danner, Schröder 1992, S. 96). Altersgrenzen bleiben zudem im Zeitverlauf nicht konstant. Heute wird tendenziell bereits mit einem niedrigeren kalendarischen Alter die Zuordnung zur Gruppe der „Älteren" vorgenommen als dies in der Vergangenheit der Fall war (vgl. Tews 1991).

3.1.2 Definition der zweiten Berufslebenshälfte

In der Arbeitswelt ist die Frage, ab wann jemand älter oder alt ist, entsprechend schwierig zu beantworten, zumal die Grenzen nicht definierbar sind und fließend verlaufen. Ob ein Arbeitnehmer als jung oder alt eingestuft wird, hängt davon ab, welche Bezugsgrößen gesetzt werden und kann nicht aufgrund des absoluten Alters bestimmt werden. Auch starre Vorstellungen über den idealen Arbeitnehmer oder die ideale Führungskraft beeinflussen die betriebliche Bewertung (Eberherr et al. 2006, S. 10 ff.). Alter ist ferner relativ, da dem kalendarischen Alter Persönlichkeitsmerkmale nicht eindeutig zugeordnet werden können und die Kombination aus Alter und dem als alterstypisch wahrgenommenen Verhalten bei jedem Menschen unterschiedlich ist (vgl. Saup 1989).

Der häufig verwendeten Kategorisierung „ältere Mitarbeiter" liegt keine eindeutige Definition für die Personengruppe oder die Arbeitnehmer in der zweiten Berufslebenshälfte zugrunde (vgl. Maurer 2001). In der Literatur sind für ältere Mitarbeiter unterschiedliche Altersangaben zu finden. Diese reichen von 40 oder 45 Jahren bis zur 50-Jahresgrenze (vgl. bspw. Munz, Ochel 2000; Frerichs 2005, S. 49). Nach der OECD-Definition sind ältere Mitarbeiter „Personen, die in der zweiten Hälfte ihres Berufslebens stehen (...) und gesund, das heißt arbeitsfähig sind" (zitiert nach Rump 2003, S. 5). Die Bundesagentur für Arbeit zieht die

Grenze für ältere Arbeitnehmer mit dem 45. Lebensjahr (vgl. Menges 2000, S. 31), wenn auch etliche der spezifischen Programme die Beschreibung „50 Plus" im Titel tragen. Die Grenze des Beginns der zweiten Berufslebenshälfte hat sich in den letzen Jahrzehnten auf der Lebensjahresskala nach links verschoben (vgl. Mendius 2002, S. 32) und Arbeitnehmer gelten prinzipiell früher als „alt".

Wie beim grundsätzlichen Begriff „alt", hängt jedoch auch die Zuordnung von Mitarbeitern in der zweiten Berufslebenshälfte von unterschiedlichen Faktoren ab und variiert entsprechend. Sowohl Branche und Beruf, als auch das einzelne Unternehmen und die Tätigkeit des Mitarbeiters und der Mitarbeiter selbst sind Faktoren, die diese Zuordnung beeinflussen. In der Werbebranche beispielsweise, wird schwerpunktmäßig auf die Kreativität junger Mitarbeiter gesetzt, und bei Informatikern ist aufgrund der vergleichsweise geringen Halbwertzeit des Wissens ebenfalls eine gewisse Jungendzentrierung festzustellen. Daneben wird die Wahrnehmung von Alter durch die hierarchische Position der Stelle beeinflusst. Ein Sachbearbeiter kann mit 40 Jahren schon als alt gelten, während dasselbe Alter bei einem Hauptgeschäftsführer als jung bewertet wird. Das Qualifikationsniveau, und die damit zusammenhängende Ausbildungszeit, beeinflusst den Zeitpunkt des Eintritts in die zweite Berufslebenshälfte wesentlich (vgl. Adenauer 2002).

Da es bei der vorliegenden Arbeit nicht um die Kategorisierung von Altersklassen sondern, wie in den meisten Studien und Veröffentlichungen, welche die Arbeitnehmer in der zweiten Berufslebenshälfte in den Fokus stellen, um signifikante inhaltliche Fragestellungen geht, wird auf die weitere Suche nach einer möglichen Definition der zweiten Berufslebenshälfte verzichtet und folgende **Arbeitsdefinition** eingeführt:

In der vorliegen Arbeit, in der die Fach- und Führungskräfte mit tendenziell längeren Ausbildungszeiten im Fokus stehen, soll davon ausgegangen werden, dass die **zweite Berufslebenshälfte** im Alter von 42 bis 48 Jahren beginnt und damit aktuell etwas über dem Durchschnittsalter der deutschen Erwerbsbevölkerung in etwa bei 40,5 Jahren liegt. Eine exakte Einschränkung auf ein einzelnes kalendarisches Alter bzw. Lebensjahr ist aufgrund der geschilderten, einflussnehmenden Faktoren nicht möglich. Lediglich für die Formulierung der Fragestellungen im empirischen Teil der Arbeit war die Festlegung auf eine Eintrittsgrenze in die zweite Berufslebenshälfte, in Form der genauen Altersangabe von 45 Jahren, nötig. Im Text dieser Arbeit wird für die Arbeitnehmer in der zweiten Berufslebenshälfte synonym die Bezeichnung ältere Mitarbeiter verwendet.

3.2 Altersbilder und Mitarbeiter in der zweiten Berufslebenshälfte im Unternehmen

Neben dem kalendarischen Alter sind das biologische Alter, das sich aus dem Zustand des menschlichen Organismus oder einzelner Organe bestimmt, und das soziale Alter, das Auswirkungen der gesellschaftlichen Erwartungen auf eine Altersrolle thematisiert, Grundlage für die unterschiedlichen Altersbilder. Das soziale Alter, das als gesellschaftliche Einflussgröße individuelle, wie in der Arbeitswelt bestehende Sichtweisen beeinflusst, soll im nächsten Punkt näher beleuchtet werden.

3.2.1 Soziales Alter und das Altersbild in der Gesellschaft

Soziologen definieren Alter als ein Bündel von Erwartungen an Status und Rollen, das durch gesellschaftliche Kategorien und Normen an Individuen herangetragen wird und durch die stattgefundene Verinnerlichung zu eigenem Handeln führt. Durch die Vorgabe von Erwartungen in Form von Altersnormen, die Lebensentscheidungen und das individuelle Handeln altersspezifisch leiten, beeinflusst und kontrolliert die Gesellschaft individuelle Lebensläufe. Individuen stimmen persönliche Entscheidungen, wie den Ausbildungsweg und dessen Dauer, oder auch andere Entscheidungen der Lebensplanung und das eigene Verhalten auf die gesellschaftlichen normativen Muster ab, da diese Vorgaben in vielen Fällen akzeptiert werden. Über den Grad der Verbindlichkeit dieser Normen herrscht in der Literatur allerdings keine Einigkeit (vgl. Sackmann 2007, S. 33 ff.). Alter kann demnach als Ergebnis des gesellschaftlichen Einwirkens verstanden werden (vgl. Lehr 2000, S. 195) oder in umgekehrtem Sinne als „Bestimmungsfaktor für gesellschaftliche Entwicklung" (Tews 1994), wenn argumentiert wird, dass eine alternde Bevölkerung die gesellschaftlichen Normen und Werte prägt.

Das herrschende Altersbild in einer Gesellschaft besteht immer aus Konstruktionen, die in kulturellen Prozessen entstanden sind und sich kontinuierlich weiterentwickeln und hat eine starke Ordnungsfunktion (vgl. Kinsler 2003). In der grundlegend negativen Sichtweise wird der Prozess des Alterns vor allem mit körperlichen Funktionseinbußen, Krankheit und Gebrechlichkeit in Verbindung gebracht und ältere Menschen werden als weniger flexibel und lernfähig eingestuft. Positive Aspekte des Altersbildes heben Weisheit und Lebenserfahrung, aber auch Loyalität und Zuverlässigkeit sowie die persönliche Handlungskompetenz hervor.

Je nach empirischer Basis und Fragestellung kommen Studien über das konkrete Altersbild in der Gesellschaft zu unterschiedlich stark negativ oder auch positiv geprägten Ergebnissen. Für das heutige Altersbild in Deutschland ist festzustellen, dass durch die Entdeckung der älteren Menschen als solvente Kunden für unterschiedliche Produkt- und Dienstleistungsbereiche, das Bild in den letzten Jahren positiv beeinflusst wurde. Betrachtet man dagegen die Zuwächse der „Anti-Aging-Industrie" legt die Expansion dieser Angebote die Vermutung nahe, dass das Alter negativ bewertet und von den Individuen aufgehalten werden möchte. Zugespitzt ausgedrückt geht es heute darum, möglichst lange jung zu bleiben oder das Alter zumindest auszublenden. Die Lebenstreppe, die früher symmetrisch aufgebaut war und den Höhepunkt in der Mitte des Lebens hatte, scheint nur noch aus der ersten Hälfte der nach oben führenden Stufen, die entsprechend ausgedehnt sind, zu bestehen (vgl. Dekkers 2001, S. 14 ff.). In einer Gesellschaft bestehen zumeist positive und negative altersstereotypgeleitete Eigenschaftszuschreibungen und Übergeneralisierungen, wodurch in der Gesamtsicht ein ambivalentes Altersbild entsteht (vgl. Filipp, Mayer 2005).

3.2.2 Das Altersbild in der Arbeitswelt

Im beruflichen Kontext ist die Vorstellung, ältere Arbeitnehmer seien grundsätzlich weniger leistungsfähig als jüngere Kollegen, nach wie vor weit verbreitet und negative Zuschreibungen überwiegen oftmals die positiven Askriptionen (vgl. Nienhüser 2002, S. 67). Diese Einstellung herrscht vor, obwohl Studien immer wieder aufzeigen, dass es keinen signifikanten Leistungsunterschied zwischen den Altersgruppen gibt, da die Differenzen innerhalb der Gruppen größer sind, als zwischen jüngeren und älteren Mitarbeitern (vgl. Eberherr et al. 2006, S. 22; Kruse 2000, S. 77). Mitarbeitern in der zweiten Berufslebenshälfte werden aber auch bestimmte Qualitäten zugeordnet, wobei in der Summe die negativen Zuschreibungen überwiegen (vgl. Nienhäuser 2002, S. 67).

In einer Aufstellung der gängigen „Mythen“ über ältere Mitarbeiter in Unternehmen werden einige der verbreiteten Vorurteile aufgelistet: Älteren Mitarbeitern fehle demnach der Lernwille und die Lernfähigkeit. Sie seien innovationsscheu, unflexibel und weniger produktiv, zumeist bei schlechter Gesundheit und hätten ein schlechtes Gedächtnis. Festzustellen ist auch, dass die Stereotypisierung alle älteren Mitarbeiter umfasst und nahe legt, dass alle dieser Gruppe zuzuordnenden Personen gleich seien (vgl. Voelpelt et al. 2007, S. 104 ff.).

	Physiologische Leistung	Psychologische Leistung	Qualifikation
Unterstellte Vorteile:	Übung in motorischen Abläufen	Verantwortungsbewusstsein Menschliche Reife Gelassenheit Loyalität	Praktisches Urteilsvermögen Organisationstalent Erfahrungswissen Zuverlässigkeit Genauigkeit
Erwartete Handicaps:	Eingeschränkte Wahrnehmung Verringerte Reaktionsfähigkeit Geringere Leistungsreserven Abnahme Kraft und Beweglichkeit Körperlicher Verschleiß	Resignation, Frustration Konservatives Denken Starrheit Geringe psychische Belastbarkeit Gedächtniseinbußen Geringeres Wahrnehmungstempo	Veraltetes Wissen Fehlende Weiterbildung Unzureichende Lernmotivation Unterentwickelte Teamfähigkeit

Tabelle 3.1: Vorurteile gegenüber älteren Arbeitnehmern
(Pack et al. 2000, S. 15)

Diese nach wie vor sehr verbreiteten Fehlannahmen über den Zusammenhang zwischen Leistungsfähigkeit und Lebensalter haben dazu geführt, dass Modelle der Frühverrentung von der Arbeitgeberseite gerne genutzt wurden und ältere Mitarbeiter immer wieder Benachteiligungen auf dem inner- wie außerbetrieblichen Arbeitsmarkt erfahren haben (vgl. Hofbauer 1982, S. 99). Die Bundesagentur für Arbeit stellt den Zusammenhang zwischen Lebensalter und überdurchschnittlich auftretenden Schwierigkeiten bei der Vermittlung von Arbeitnehmern heraus (vgl. Menges 2000, S. 31). Grundlage für das negative Altenbild in der Arbeitswelt ist das Defizitmodell des Alterns, das mit seinen Inhalten und in seiner Bedeutung im Unterpunkt 3.3.1 näher beschrieben wird.

3.2.3 Selbstbild der Arbeitnehmer in der zweiten Berufslebenshälfte

Eine Studie von Brinkmann (2008) zeigt, dass das Selbstbild der älteren Mitarbeiter in den Unternehmen weit positiver ausfällt, als das generelle Altenbild der Gesellschaft. Dieses positive Selbstbild ist Voraussetzung dafür, dass Mitarbeiter in der zweiten Berufslebenshälfte leistungsfähig und motiviert bleiben. Durch selektive Wahrnehmungsprozesse beeinflussen die Schwerpunkte des verbreiteten Altenbildes allerdings die Erwartungshaltung der älteren Menschen und auch ihr Erleben des eigenen Alters (vgl. Esposito 1987). Es gibt demnach eine „soziale Bedingtheit" des Alterns, die die soziale Entwicklung über die sekundären funktionalen und organischen Veränderungen stellt (vgl. Thomae 1989, S. 65). Die Position des Individuums im gesellschaftlichen System, sein sozialer Status, hängt auch davon ab, welcher ökonomische oder soziale Beitrag im Rahmen der Arbeitsteilung geleistet wird. Diese zugesprochene soziale Stellung wiederum bedingt das Selbstbild und das Verhalten des Menschen in der zweiten Berufslebenshälfte (vgl. Kinsler 2003).

3.3 Alterstheorien und die Leistungsfähigkeit der Mitarbeiter in der zweiten Berufslebenshälfte

Nur wenn auch bei älteren Mitarbeitern davon ausgegangen werden kann, dass die Lern- und Leistungsfähigkeit dem Kompetenzerhalt und der Weiterentwicklung nicht im Wege stehen und eine Einbeziehung der Mitarbeiter in der zweiten Berufslebenshälfte in Kompetenzmanagementsysteme sinnvoll ist, kann die Fragestellung der Arbeit weiter untersucht werden. Vor diesem Hintergrund werden in den folgenden Unterpunkten nicht nur die beiden wichtigsten Alterstheorien dargestellt, sondern in entsprechenden Unterpunkten auch die Entwicklung der verschiedenen, für den Arbeitsalltag relevanten, Leistungsfaktoren. Die Auswirkungen auf das berufliche Leistungsverhalten werden im Folgenden zusammenfassend dargestellt. Hieraus ergeben sich Anforderungen an das Personalmanagement, die abschließend angesprochen werden.

3.3.1 Alterstheorien

Den älteren Mitarbeitern unterstellte, eingeschränkte Leistungsfähigkeit sowie die angesprochenen negativen Zuschreibungen, sind vor allem durch das Defizitmodell des Alters begründet. Dieses Modell geht davon aus, dass die körperlichen und geistigen Fähigkeiten eines Menschen bis maximal einem Alter von Mitte 20 steigen und dann kontinuierlich mit dem weiteren Lebensalter abnehmen.

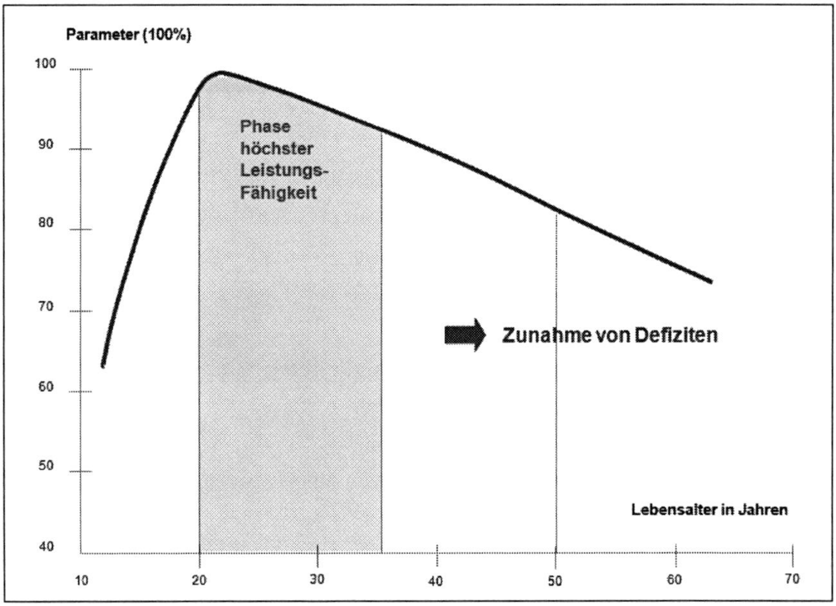

Abbildung 3.1: Das Defizitmodell des Alterns
(Petrenz, Alter 1999, S. 64)

Alter bedeutet demnach die ständige Zunahme von psychischen und physischen Defiziten, die eine abnehmende berufliche Leistungsfähigkeit bedingen (vgl. Petrenz, Alter 1999, S. 64 f.). Die Relativierung dieses einseitigen Modells, bereits durch Studien der Gerontologie in den 1970er Jahren belegt, konnte das Fortbestehen der generalisierten Aussagen nicht unterbinden. Die negativen Vorbehalte gegenüber älteren Mitarbeitern von Seiten der Arbeitgeber stützen sich zumeist auf dieses Defizitmodell (vgl. Lehr 2003).

Das Kompetenzmodell des Alterns dagegen relativiert die altersbedingten Leistungsverminderungen durch die Gegenüberstellung positiver Kompetenzen (vgl. Riechenhagen 2004, S. 63). Das Modell ersetzt den Abbauprozess durch einen altersbedingen Wandlungsprozess und differenziert die Veränderung und Veränderungsrichtung der unterschiedlichen Leistungsbereiche (vgl. Maintz 2003, S. 50 f.). Grundlage für die unterschiedlichen Entwicklungen und Entwicklungsrichtungen ist die gegenläufige Tendenz der beiden Bereiche der fluiden und kristallinen Intelligenz. Während die fluide Intelligenz, das bedeutet die Wahrnehmungsgeschwindigkeit, die Gedächtnisleistung und die Wortflüssigkeit mit dem Alter abnehmen, steigt die kristalline Intelligenz, das inhaltsreiche und erfahrungsbedingte Wissen, mit den Lebensjahren an (siehe Abbildung 3.2; vgl. Sabel 1997, S. 150).

Beide Entwicklungen hängen stark von den individuellen Lebens- und Arbeitsverhältnissen sowie der geistigen Förderung ab und sind in hohem Maße beeinflussbar (vgl. Wenke, Reglin 1996, S. 48). Das auch als Wachstumstheorie bezeichnete Kompensationsmodell umfasst darüber hinaus die Annahme, dass gerade der ältere Mensch stark nach Selbstverwirklichung strebt und für die Verwirklichung persönlicher Vorstellungen in diesem Lebensabschnitt einen neuen Stellenwert findet (vgl. Lehr 2003). Neben dem Abbau findet also auch ein Aufbau an Kompetenzen statt, der die Auswirkungen der verringerten Fähigkeiten kompensieren kann (Abbildung 3.3; vgl. Eberherr 2006, S. 22).

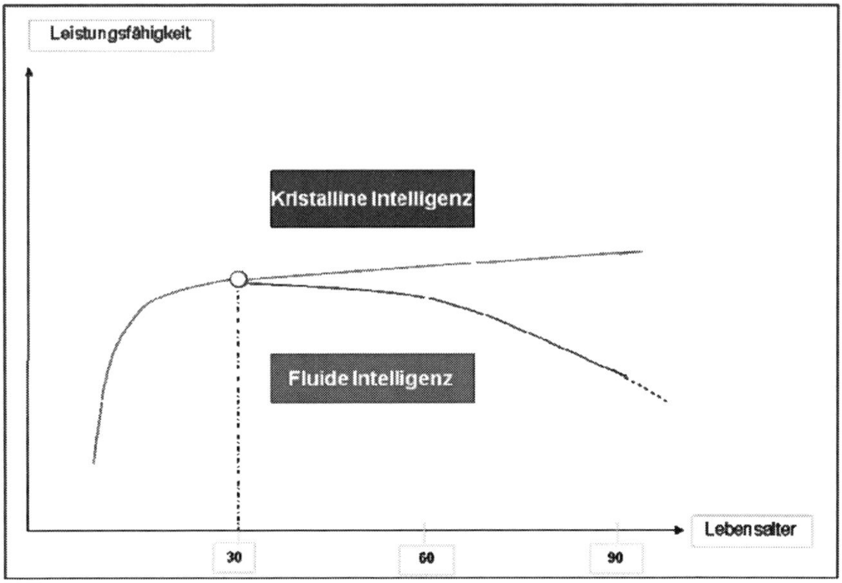

Abbildung 3.2: Entwicklung der Bereiche der Intelligenz (Maier 2001, S. 35)

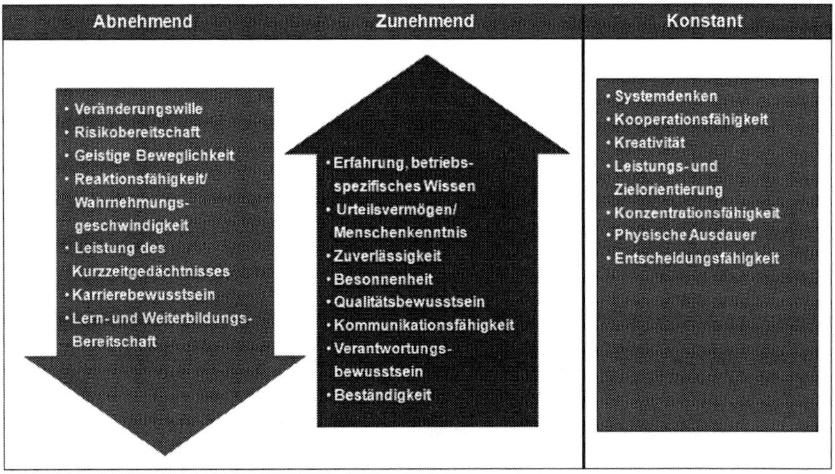

Abbildung 3.3: Veränderungsrichtungen der Leistungsfähigkeit mit zunehmendem Alter (eigene Darstellung in Anlehnung an Bruggmann 2000, S. 25)

3.3.2 Altersspezifische Leistungsfähigkeit

Von einer prinzipiellen Abnahme der Leistungsfähigkeit mit dem Alter kann demnach nicht ausgegangen werden. Dem Kompensationsmodell folgend steht Dequalifizierungsprozessen der Zugewinn an Erfahrung gegenüber (Abbildung 3.4). Inwieweit einzelne Teilbereiche der Leistungsfähigkeit im Alter Veränderungen unterworfen sind, und welche Ansatzpunkte für eine Gegensteuerung bei Abbautendenzen bestehen, wird in den folgenden Unterpunkten dargestellt.

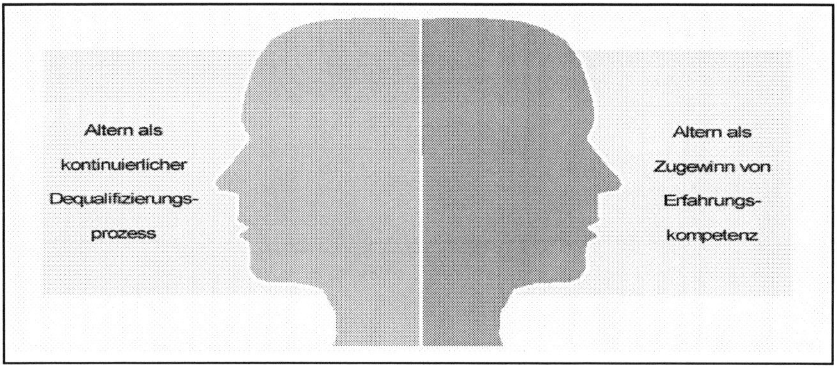

Abbildung 3.4: Die zwei Gesichter der Leistungsfähigkeit
(Maier 2001, S. 32)

3.3.2.1 Körperliche Fähigkeiten

Die Annahme, die generelle Anfälligkeit für Krankheiten steige mit dem Alter, ist ebenso weit verbreitet wie die Ansicht über eine sinkende Leistungsfähigkeit. Ältere Arbeitnehmer sind indes nicht häufiger krank als jüngere Kollegen, aber im Krankheitsfall länger arbeitsunfähig. Die längere Krankheitsdauer erhöht die in Abbildung 3.5 dargestellten durchschnittlichen Krankentage pro Jahr für die älteren Mitarbeitergruppen. Grundsätzlich sind für die Häufigkeit von Krankmeldungen nicht das Alter, sondern Faktoren, wie beispielsweise Schichtarbeit, der persönliche Lebensstil des Mitarbeiters, sein Bildungsgrad und sein soziales Umfeld, sowie die Arbeitsbedingungen, von großer Bedeutung (vgl. Badura 2003, S. 34).

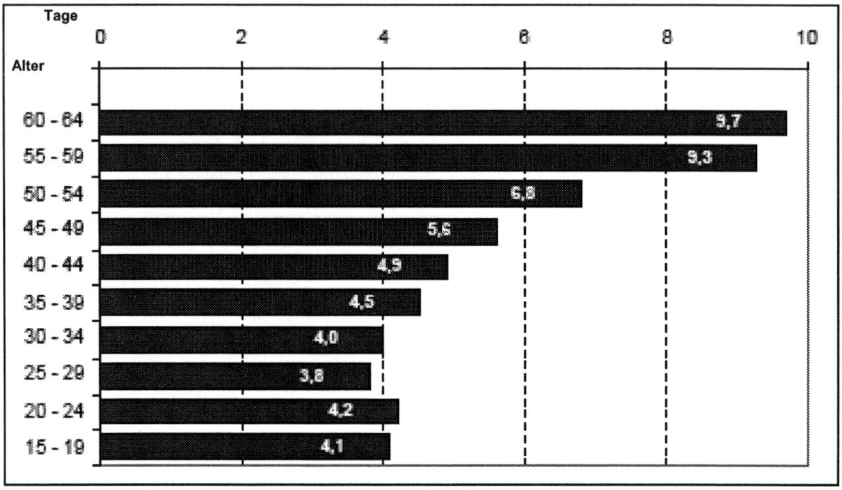

Abbildung 3.5: Krankenstand nach Altersgruppen, AOK-Mitglieder 2001 (Krankenstand in %) (Vetter 2003, S. 250)

Unumstritten ist, dass die biologisch-physische Leistungsfähigkeit mit dem Alter abnimmt. Ab dem 40. Lebensjahr sinken vor allem Schnelligkeit, Flexibilität, Kraft und Ausdauer (vgl. Maintz 2003, S. 47). Werden Mitarbeiter, etwa bei schwerer körperlicher Arbeit, beständig bis zur Leistungsgrenze gefordert, nimmt die Belastbarkeit kontinuierlich ab. Liegt die Arbeit unter der Leistungsgrenze, hat deren Verrichtung keine negativen Konsequenzen für die Entwicklung der Belastbarkeit, allerdings können dadurch körperliche Tätigkeiten von älteren Mitarbeitern nicht mehr in der gleichen Intensität ausgeübt werden (vgl. Wollert 1998, S. 32). Abbauprozesse wie beim Hör- und Sehvermögen verlaufen nicht dramatisch, sondern langsam. Zumeist beginnen diese Prozesse sogar bereits schon ab einem Alter von 30 bzw. sogar 20 Jahren, werden aber erst ab einem Lebensalter von ungefähr 40 Jahren signifikant.

Vor allem einseitige Belastungen am Arbeitsplatz führen zu körperlichen Verschleißerscheinungen und begünstigen diese, sowie die Entstehung von chronischen Krankheiten. Die Interventionsmöglichkeiten am Arbeitsplatz müssen daher genutzt werden um durch ergonomische Arbeitsplatzgestaltung, betriebliche Gesundheitsförderung und die Sensibilisierung der Arbeitnehmer, negativen Entwicklungen vorzubeugen und gegenzusteuern (vgl. Maier 2001, S. 36 ff.).

3.3.2.2 Intelligenz und Kognition

Brandenburg und Domschke (2007, S. 81) leiten ihr Kapitel über die Leistungsfähigkeit Älterer mit einem Zitat von Plato ein: „Der Blick des Verstandes fängt an scharf zu werden, wenn der Blick der Augen an Schärfe verliert". Sie bringen damit die teilweise gegenläufige Entwicklung der physischen und psychischen Fähigkeiten vor dem Hintergrund des Kompensationsmodells auf den Punkt.

Die Nervenleitgeschwindigkeit erreicht, wie andere physische Funktionen, bereits um das 30. Lebensjahr das Maximum und nimmt im weiteren Alter ab. Aus dieser Verschlechterung der kognitiven Grundfunktionen und der fluiden Intelligenz kann eine verminderte Merkfähigkeit sowie die Verlangsamung der Informationsaufnahme resultieren. Wie auch bei körperlichen Alterungsprozessen hängt diese Entwicklung stark von den Lebens- und Arbeitsbedingungen des Menschen ab und kann nicht generalisiert werden.

In unterschiedlichen Langzeitstudien wurde festgestellt, dass eine große Zahl der mentalen Fähigkeiten bis in das siebte oder achte Lebensjahrzehnt konstant bleibt (vgl. Schaie 1996; Thomae 1993). Wobei die Entwicklung wiederum von Determinanten, wie dem Bildungsniveau, dem sozialen Status, aber auch der physischen Gesundheit, abhängt und neben hierdurch bedingten Differenzen eine interindividuelle Variabilität besteht (vgl. Lehr 2003, Thomae 1987, S. 29 ff.).

Die abnehmende fluide Intelligenz, die beispielsweise zu einer nachlassenden Wahrnehmungsgeschwindigkeit führt, kann aufgrund der gewonnenen Erfahrungen zumeist kompensiert werden. Beim Schreiben diktierter Texte wurde im Rahmen einer Studie in unterschiedlichen Altersgruppen die Geschwindigkeit gemessen und obwohl davon auszugehen ist, dass sich Reaktions- und Tippgeschwindigkeit mit dem Alter verschlechtern, konnte kein signifikanter Zeitunterschied zwischen den jungen und älteren Versuchspersonen ermittelt werden (vgl. Eberherr et al. 2006, S. 22).

3.3.2.3 Lernfähigkeit

Die Lernfähigkeit umfasst grundlegende Fähigkeiten zur Informationsaufbereitung, -verarbeitung und –transformation (vgl. Skowronek, 1975, S. 101; Schuster-Oeltschner 1991, S. 330). Bei der Entwicklung der Lernfähigkeit sind nicht das Alter, sondern in erster Linie exogene Faktoren prägend. Werden Mitarbeiter beispielsweise ab einer bestimmten Altersgrenze von Weiterbildungsmaßnahmen ausgeschlossen und bekommen im Arbeitsalltag keine Lernangebote, führt diese Situation zu einer Lernentwöhnung, die sich negativ auf die Lernfähigkeit auswirkt. Abbildung 3.6 zeigt, dass die Teilnahme an beruflichen Weiterbildung der Altersgruppe der 50- bis 64-Jährigen erheblich unter der Weiterbildungsbeteiligung von jüngerer Altersgruppen liegt. In vielen Unternehmen nimmt die Weiterbildungsbeteiligung bereits bei den 40-jährigen Mitarbeitern stark ab. Eine Lernentwöhnung führt unweigerlich zu Problemen für spätere Lernsituationen (vgl. Pack et al. 2000, S. 26 ff.).

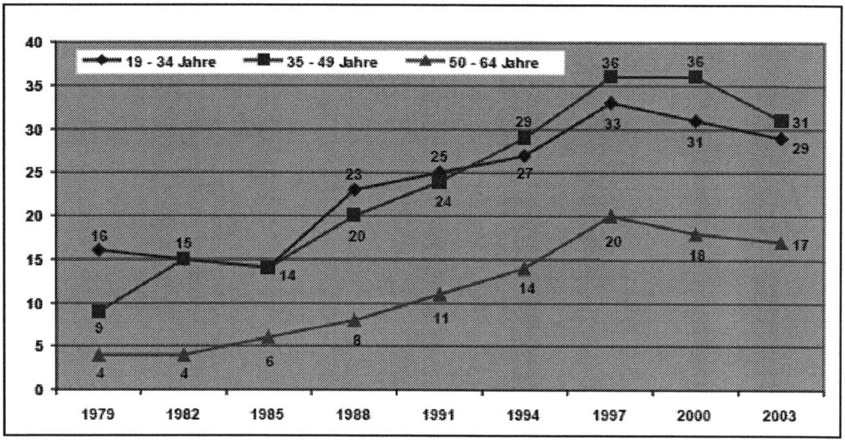

Abbildung 3.6: Teilnahme an beruflicher Weiterbildung nach Altersgruppen
(Kuwan, Thebis, BMBF, 2005, S. 26)

Es kann folglich nicht davon ausgegangen werden, dass Ältere grundsätzlich weniger lernfähig sind. Fest steht allerdings, dass sich mit dem Lebensalter die Lernart verändert, da das neue Wissen mit dem bestehenden Erfahrungswissen verknüpft werden muss (vgl. Wenke, Reglin 1996, S. 51). Lernen im Erwachsenenalter bedarf einer Interaktion zwischen neuen Lerninhalten und bestehenden Wissensstrukturen, wodurch der Lernprozess auch störanfälliger wird (vgl. Becker 2008, S. 25 ff.). Für den betrieblichen Kontext bedeutet dies, dass gerade älteren Arbeitnehmern entsprechende Lern- und Erinnerungsstrategien vermittelt werden sollten (vgl. Becker 2008, S. 27 ff.).

Die Motivation, das Lernenwollen, ist für Lernprozesse ein sehr wichtiger Faktor (vgl. Eberherr et al. 2006, S. 23). Mitarbeiter in der zweiten Berufslebenshälfte haben ein verstärktes Interesse an Lerninhalten, die im Kontext zu ihrem beruflichen Tätigkeitsfeld und den bestehenden Erfahrungen stehen. Mehrere Studien haben belegt, dass sich das Gedächtnis von älteren Mitarbeitern, gerade im Zusammenhang mit Inhalten des eigenen Fachgebietes, nicht verschlechtert (Lehr 2003). Durch die Verknüpfung mit persönlichen Erfahrungen erzielen ältere Mitarbeiter eine sehr gute Gedächtnisleistung. Mit fortschreitendem Alter nimmt, auch aufgrund der negativeren Bewertung der eigenen Lerneffizienz (vgl. Becker 2008, S. 26 f.), die instrumentelle Lernmotivation als Mittel zum Zweck ab (vgl. Röhr-Sendelmeier 1990, S. 143), während die expressive Lernmotivation, die das Lernen selbst im Mittelpunkt sieht, sehr lange uneingeschränkt erhalten bleibt (vgl. Hiemstar, 1976, S. 227 ff.).

3.3.2.4 Innovationsfähigkeit

Nach dem Defizitmodell sind Mitarbeiter in der zweiten Berufslebenshälfte unflexibel und beeinträchtigen die Innovationskraft des Unternehmens, da sie den Anforderungen des technischen Wandels und schnellen Veränderungen nicht gerecht werden können (Frerichs 1998). Es gibt allerdings keine gesicherten Belege dafür, dass mit fortschreitendem Alter die Fähigkeit zur aktiven Einbringung und Gestaltung von Innovationsprozessen nachlässt (vgl. Pack et al. 2000, S. 28).

Betriebsspezifische Innovationsmuster können zu altersselektiven Besetzungen von Innovationsteams führen. Da Innovationsprozesse oft hoch komplex und langwierig sind, bringt die Mitarbeit älterer Arbeitnehmer für Unternehmen jedoch Vorteile. Mitarbeiter in der zweiten Berufslebenshälfte können, durch ihr Erfahrungswissen über Prozesse und das Unternehmen, die komplexen Innovationsprozesse oftmals besser beherrschen. Die bestehenden Erfahrungen erhöhen außerdem die Problemlösekompetenz und können Lösungsansätze erschließen, die aufgrund der rein analytischen Betrachtung und des theoretischen Wissens nicht möglich wären (vgl. Pack et al. 2000, S. 28 ff.).

Die Innovationsfähigkeit älterer Mitarbeiter, als das Ergebnis des Zusammenspiels individueller Voraussetzungen und der Rahmenbedingungen für Innovation am Arbeitsplatz, ist beeinflussbar. Die Erfahrungen, die ein Mitarbeiter im

Verlauf seiner Erwerbsbiographie mit Innovationen gemacht hat, sind ein ganz entscheidender Faktor für das Potenzial des Mitarbeiters in weiteren Innovationsprozessen. Durch kontinuierliches Veränderungslernen kann diese Mitarbeitergruppe, die tendenziell über ein geringeres Kreativitätspotenzial verfügt, einen ebenso wertvollen Beitrag für organisationalen Wandel und Innovation leisten, wie andere Belegschaftsgruppen (vgl. Pack et al. 2000, S. 30 und 82.).

3.3.2.5 Erfahrungswissen und situative Handlungskompetenz

Das Erfahrungswissen ist eine komplexe Kombination aus Wissens- und Erkenntnisblöcken, die neben explizitem und implizitem Wissen auch Handlungswissen, Lebenserfahrung, persönliche Reife und Selbstbewusstsein umfassen. Ein Erklärungsansatz für eine hohe Wertschätzung des Erfahrungswissens ist eben diese Komplexität (vgl. Hübner et al. 2003, S. 133). Die situative Handlungskompetenz, die als Kompetenzkategorisierung unterschiedliche Kompetenzen umfasst, beschreibt das reflektierte und situationsgerechte Handeln von Individuen. Dies setzt, neben der zielgerichteten Reflexion, die Fähigkeit selbstorganisiert zu denken und zu handeln voraus (vgl. Erpenbeck, Rosenstiel 2003). Das Erfahrungswissen, wie die situative Handlungskompetenz, gehören zu den Stärken und Vorzügen der Mitarbeiter in der zweiten Berufslebenshälfte, die hierdurch auch etwaige Defizite in anderen Bereichen kompensieren können (vgl. Hübern et al. 2003, S. 133 ff.).

Wie bereits in Abbildung 3.3 zur Veränderung der Leistungsfähigkeit mit zunehmendem Alter ersichtlich wurde, sind insbesondere die Eigenschaften, die auf einem breiten Erfahrungsspektrum beruhen, bei älteren Mitarbeitern besonders stark ausgeprägt (vgl. Koller, Plath 2000, S. 122). Neben der Menschenkenntnis, der Kommunikationsfähigkeit und dem Verantwortungs- wie Qualitätsbewusstsein, nimmt eine Reihe von kognitiven Leistungen, wie das überlegt strategische Handeln, die logische Argumentation und das ganzheitliche Verständnis von Situationen und Sachverhalten, in der zweiten Berufslebenshälfte, zu (vgl. Illmarinen 2007, zit. nach Becker 2008, S. 86).

Mitarbeiter in der zweiten Berufslebenshälfte verfügen oft über eine hohe Problemlösungsfähigkeit, da sie durch ihre Erfahrungen mit bereits bewältigten Problemen Selbstsicherheit gewonnen haben und Handlungsalternativen verstärkt reflektieren. Die Befähigung für den Umgang mit komplexen, aber auch emotional belastenden Situationen nimmt mit steigendem Lebensalter und Erfahrung ebenfalls zu (vgl. Eberherr et al. 2006, S. 23). Durch die im Rahmen der Erwerbsbiographie gesammelten und gewonnenen Kompetenzen, sind Mitarbeiter in der zweiten Berufslebenshälfte für Unternehmen wertvolle Ressourcen (vgl. Lehr 1997, S. 73).

3.3.3 Auswirkungen auf das berufliche Leistungsverhalten

Aufgrund der großen individuellen Unterschiede in den verschiedenen Bereichen der Leistungsfähigkeit alternder Menschen gibt es keinen typischen standardisierbaren Mitarbeiter in der zweiten Berufslebenshälfte. Der Arbeitsalltag und die beruflichen Herausforderungen verbessern die Leistungspotenziale und können, im günstigen Fall, den Alterungsprozess verzögern und die Mitarbeiterfähigkeiten lange Zeit auf einem konstanten Niveau halten (vgl. Brandenburg, Domschke 2007, S. 208).

Neben dem Arbeitsalltag mit seinen Anforderungen und der gezielten Förderung des Mitarbeiters sind Faktoren der persönlichen Lebensführung und grundlegende Determinanten, wie das Bildungsniveau, für die Entwicklung der Leistungsfähigkeit ausschlaggebend. Für die Beurteilung der Leistungsfähigkeit wird im weiteren Verlauf der Arbeit von dem dargestellten Kompensationsmodell

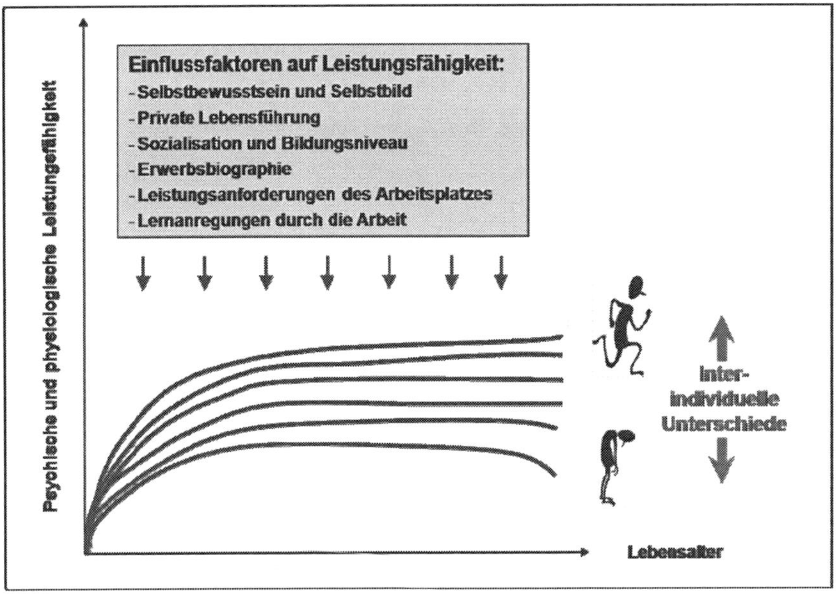

Abbildung 3.7: Entwicklung der psychischen und physischen Leistungsfähigkeit
(eigene Darstellung in Anlehnung an Bundesanstalt für Arbeitsschutz und Arbeitsmedizin)

ausgegangen. Im Bereich der bei dieser Arbeit im Fokus stehenden Fach- und Führungskräfte müssen altersphysiologische Prozesse und eine Einschränkung der Leistungsfähigkeit keine relevante Problemstellung sein, da nachlassende Fähigkeiten, vor allem durch die im Teilkapitel 3.3.2.5 beschriebenen Kompetenzgewinne, ausgeglichen werden.

Zu beachten ist dabei auch, dass Leistung nur durch das Aufeinandertreffen von Können, Dürfen, Sollen und Wollen zustande kommen kann (vgl. Ringlstetter, Kaiser 2008, S. 6). Neben der Ausgestaltung der Stelle, dem Dürfen und Sollen, und den unterschiedlichen Facetten des Könnens, ist somit die Entwicklung motivationaler Strukturen im Altersverlauf für die Förderung der Leistungsfähigkeit in der zweiten Berufslebenshälfte besonders zu beachten (vgl. Albs

2005, S.16 ff). Wie bereits im Zusammenhang mit der Lernfähigkeit und –bereitschaft angesprochen, ändern sich Motivationsinhalte mit steigendem Lebensalter. Für Mitarbeiter in der zweiten Berufslebenshälfte sind Motive, wie die arbeitsplatzbezogene Autonomie, die Verwirklichung persönlicher Ziele, soziale, physische und ökonomische Sicherheitsmotive, wichtiger als für jüngere Kollegen (vgl. Becker 2008, S. 77). Mitarbeitern in der zweiten Berufslebenshälfte wird eine höhere intrinsische Motivation zugeschrieben (vgl. Maier 2001, S. 40 f.). In der Summe streben jüngere und ältere Mitarbeiter aber annähernd in gleichem Maße nach Leistung und Selbstverwirklichung (vgl. Becker 2008, S. 78).

Doch nicht nur die Berücksichtigung der sich verändernden motivationalen Strukturen stellt Unternehmen im Umgang mit Mitarbeitern in der zweiten Berufslebenshälfte vor Herausforderungen. Es ist für die Leistungs- und Wettbewerbsfähigkeit der Unternehmen wichtig und es wird elementar werden, die besonderen Stärken älterer Mitarbeiter zu erkennen, systematisch zu fördern und zu nutzen (vgl. Brandenburg, Domschke 2007, S. 208). Das Umdenken in den Betrieben hat bereits begonnen, muss allerdings noch deutlich weiter gehen, um die Mitarbeiter in der zweiten Berufslebenshälfte konsequent als wichtige Leistungsressource zu bewerten und zu nutzen (vgl. Baigger 2005, Frerichs 2005, S. 49).

Die Ermittlung der Stärken und Leistungspotenziale, sowie Maßnahmen zur Förderung der älteren Mitarbeiter, sollten während der gesamten Erwerbsbiographie zum Einsatz kommen und dürfen keinesfalls als Modell für „45 Plus" gelten. Die Personalarbeit ist gefordert, hierfür einen kontinuierlichen Prozess zu schaffen, dessen Instrumente jeweils an den erwerbsbiographischen Kontext der Mitarbeiter angepasst werden, so dass eine „lebenslaufbezogene Beschäftigungsförderungspolitik" entsteht (vgl. Frerichs 2005, S. 49).

3.4 Konsequenzen für das Personalmanagement in Unternehmen

„Ältere Mitarbeiter sind ein wichtiges Know-how-Reservoir. Sie sind ein Aktivposten im Unternehmen und für eine erfolgreiche Gestaltung der Zukunft unverzichtbar. Unternehmen können sich nicht den Luxus leisten, auf das Potenzial älterer Mitarbeiter zu verzichten und damit wertvolles Humankapital zu verschwenden. Die Leistung aller Mitarbeiter wird benötigt." (Brandenburg, Domschke 2007, S. 208).

Damit das Personalmanagement den Anforderungen im Zusammenhang mit alternden Belegschaften und älteren Mitarbeitern gerecht werden kann, müssen im ersten Schritt die auf die Auswirkungen des demographischen Wandels zurückzuführenden Herausforderungen erkannt und aufgegriffen werden. Um zu wissen, wie schnell, in welchem Umfang und mit welchen Schwerpunkten die unternehmensspezifische Belegschaft altert, bedarf es einer strategischen Personalplanung, die auf einer die Qualifikationsstruktur berücksichtigende Altersstrukturanalyse beruht (vgl. Becker 2008, S. 87). Die Altersstrukturanalyse wurde in diesem Zusammenhang bereits in Kapitel 2, im Unterpunkt 2.3.1, angesprochen und dargestellt (Anlage 8).

Aufbauend auf diese Schritte ist das strategische Human Ressourcen Management gefordert, durch altersintegrative und kompetenzorientierte Beschäftigungsmodelle Spezialisten und Führungskräfte mit wertvollem Wissen und Erfahrungen im „War of Talents" zu gewinnen und zu binden (vgl. Maier 2001, S. 41 f.). Durch zukunftsfähiges und nachhaltiges Personalmanagement können nicht nur generationsbezogene Kompetenzen besser genutzt werden. Instrumente und Maßnahmen der Personalarbeit müssen auch sicherstellen, dass die Leistungsfähigkeit der Mitarbeiter aufrechterhalten bleibt.

Der Betriebs-Check, der im Rahmen der Initiative „Mit Erfahrung Zukunft meistern" entwickelt wurde, definiert für die Sicherung der Leistungsfähigkeit der Mitarbeiter vier Herausforderungen. Die Mitarbeiterkompetenzen müssen gesichert werden, es gilt, die Motivation und Eigenverantwortung der Mitarbeiter zu fördern, Tätigkeiten konsequent leistungs- und lernförderlich zu gestalten und als Grundvoraussetzung die körperliche Leistungsfähigkeit aufrecht zu erhalten. Daraus ergeben sich folgende zentrale Handlungsfelder:

- Gesundheitsförderung
- Arbeitsorganisation und –gestaltung
- Führung und Unternehmenskultur
- Personalgewinnung und –bindung
- Kompetenzmanagement

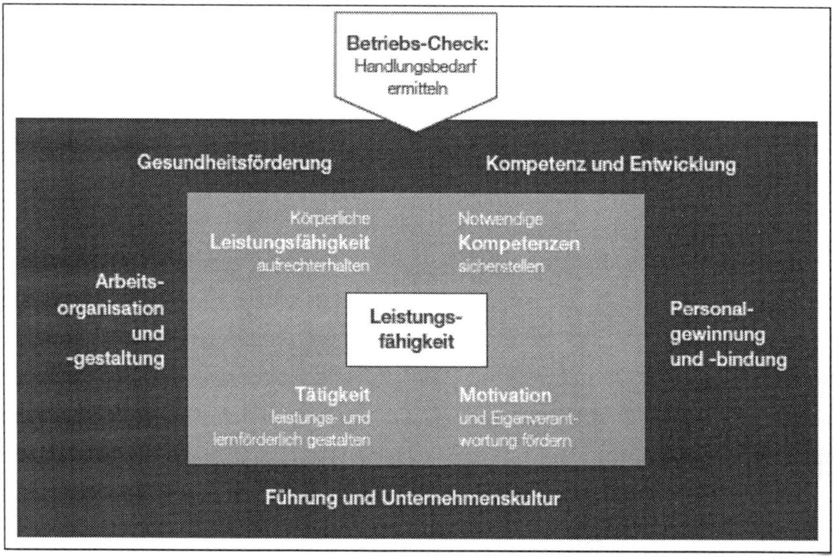

Abbildung 3.8: Nachhaltige Personalpolitik
(Schömmel, Winterstein 2006, S. 9)

Diese Punkte verdeutlichen die Bandbreite der Handlungsansätze in der Praxis. Jeder dieser Ansätze und Maßnahmenbereiche muss im strategischen Personalmanagement verankert sein und umfasst in der Umsetzung zahlreiche Instrumente und die Anpassung aller betriebsspezifischen Maßnahmen. Es ist an dieser Stelle nicht zu leisten und für die Fragestellung dieser Arbeit auch nicht zielführend die Handlungsfelder des betrieblichen Personalmanagements detaillierter aufzuschlüsseln und darzustellen, da im weiteren Kontext eine Fokussierung auf den Bereich des Kompetenzmanagements vorgenommen wird.

Der Erfolg der Entwicklung, Implementierung und Durchführung entsprechender Kompetenzmanagementstrategien ist nicht selbstverständlich gewährleistet. „Nach einer langjährigen Phase der Diskriminierung von Erfahrung und Lebensalter in Unternehmen, ist allein die Proklamation deren Anerkennung und Wertschätzung noch keine Erfolgsgarantie" (Maier 2001, S. 42). Um die Führungskräfte und Mitarbeiter für ein nachhaltiges und generationsübergreifendes Kompetenzmanagementsystem zu gewinnen, müssen viele Voraussetzungen erfüllt werden, die im weiteren Fortgang dieser Arbeit entwickelt werden.

3.5 Fazit: Ältere Mitarbeiter gewinnen an Bedeutung

Vorbehalte und Vorurteile über eine grundsätzliche Verschlechterung der Leistungsfähigkeit der Mitarbeiter in der zweiten Berufslebenshälfte sind nicht zutreffend, da negative kognitive Veränderungen durch Erfahrungen kompensiert werden können. Entscheidend für die Leistungsfähigkeit und das Leistungsniveau älterer Mitarbeiter ist der individuelle Berufs- und Erwerbslebensverlauf und darin auftretende fördernde und hemmende Faktoren.

Die Wettbewerbsfähigkeit und das Überleben vieler Unternehmen wird von der gelungenen Aktivierung der Leistungsfähigkeit und Leistungsbereitschaft der älteren Mitarbeiter abhängen. Neben vorbeugenden Maßnahmen gegen einen physischen wie psychischen Leistungsabbau gilt es, die Potenziale der älteren Mitarbeiter in verstärktem Umfang zu erkennen und zu nutzen. Initiativen, Modellprojekte und die Situation am Arbeitsmarkt, sowie in den Betrieben, haben bereits zu einem Umdenken in den Unternehmen geführt. Ältere Arbeitnehmer werden vermehrt als Ressourcen für die Leistungserstellung und –verbesserung im Unternehmen wahrgenommen.

Diese Entwicklung steht allerdings noch am Anfang und hat bisher zu wenig Unternehmen erreicht. Es darf in Zukunft nicht darum gehen, ältere Mitarbeiter zu fördern und zu integrieren. Gerade integrative Ansätze implizieren die Notwendigkeit der Einbeziehung von Individuen oder Personengruppen, die aufgrund ihrer Andersartigkeit, eines Handicaps oder sonstiger hemmender Faktoren bisher benachteiligt, weniger geschätzt oder außen vor waren. Für das strategische Personalmanagement muss es um kontinuierliche, lebenslaufbezogene Beschäftigungsförderungspolitik für alle Mitarbeiter gehen. Human Ressourcen Management muss Hand in Hand mit generationsübergreifenden Kompetenzmanagementsystemen gehen.

KAPITEL 4

Human Ressourcen Management

INHALT:

Durch die Veränderungen in Wirtschaft und Gesellschaft werden an die Kompetenzen von potenziellen Arbeitskräften und Mitarbeitern, sowie an deren Entwicklung und zukunftsorientierte Ausrichtung, immer neue Anforderungen gestellt. Das Management von Kompetenzen befindet sich dabei im Spannungsfeld von externer Orientierung, die durch den immer schnelleren technischen Fortschritt, die Globalisierung, und der interner Kompetenz geprägt ist (vgl. Ansoff 1984). Die interne Kompetenz von Unternehmen muss immer schneller sinkenden Halbwertzeiten von Wissen, einer erhöhten Aufgabenkomplexität und der stetigen Höherqualifikation Rechnung tragen. Nicht nur die entsprechende kompetenzorientierte Personalrekrutierung, sondern auch die Entwicklung vorhandener Mitarbeiterpotenziale ist gefordert, um diesen Anforderungen nach zu kommen. Um die Wettbewerbsfähigkeit von Unternehmen zu erhalten, muss Kompetenzmanagement wesentlicher Bestandteil der zukünftigen Human Ressourcen Managementaktivitäten sein.

Im folgenden Kapitel der Untersuchung des „Kompetenzmanagements als Herausforderung der Entwicklung der Human Ressourcen im Unternehmen“ wird das Strategische Human Ressourcen Management in seinen Grundzügen dargestellt. Es ist im Rahmen dieser Arbeit zum einen ein Anliegen, die Strategieorientierung des Human Ressourcen Managements herauszuarbeiten und auf das strategische Kompetenzmanagement zu übertragen. Zum anderen möchte die Verfasserin den Paradigmenwechsel im Bereich des Personalmanagements, das gerade auch durch die Verknüpfung mit der Unternehmensstrategie von der Verwaltungs- und Kostenfunktion zum strategischen Partner und Werterbringer wurde, hervorheben.

AUFBAU:

Im ersten Schritt werden Ressourcen und entsprechende Ansätze als Grundlage des Human Ressourcen Managements dargestellt und hierauf aufbauend die zunehmende Kompetenzorientierung herausgearbeitet. Nach der Beschreibung der Entwicklung des Human Ressourcen Managements und einer Begriffsabgrenzung, wird der Bedeutungswandel des Personalmanagements dargestellt und die Inhalte sowie die Bedeutung des Human Ressourcen Managements beleuchtet. Abschließend wird das Kompetenzmanagement hierzu in Bezug gesetzt.

4.1 Ressourcen als Ausgangspunkt des Human Ressourcen Managements

Globalisierung und immer kürzere Innovationszyklen technischer Produkte haben den Wettbewerb für die Mehrheit der Unternehmen verschärft. Flexibilität, Wandlungs- und Anpassungsfähigkeit sind zu entscheidenden Erfolgsfaktoren geworden. Hierfür sind Arbeitnehmer und Mitarbeiter wichtiger denn je und das moderne Personalmanagement muss eine Vielzahl an neuen Aufgaben bewältigen. Vor diesem Hintergrund hat nicht nur das Personalmanagement, sondern auch dessen Verknüpfung mit der Unternehmensstrategie an Bedeutung gewonnen. Dieser Bedeutungswandel schlägt sich auch in der veränderten Bezeichnung nieder: Immer häufiger wird der Begriff (strategisches) Human Ressourcen Management genutzt (vgl. Ridder et al. 2001, S. 15 f.). Unter diesem Leitbegriff bildete sich eine Konzeptentwicklung heraus, deren zentrale Themenfelder die Einsatzgestaltung personalwirtschaftlicher Instrumente und ihre Wirkung auf den Unternehmenserfolg bilden (vgl. Boxall 1996, Mabey, Salaman, Storey 1998).

4.1.1 Wiederentdeckung der Ressourcentheorie

Der ressourcenorientierte Ansatz setzt auf der Ebene des Unternehmens an, wobei er dieses als Bündel von Ressourcen betrachtet. Durch die Entwicklung spezifischer Ressourcenpotenziale können Unternehmen eine überdurchschnittliche Wertschöpfung erzielen. Der Ansatz unterscheidet daher wettbewerbspolitisch neutrale Ressourcen und strategische Ressourcen, „die einem Unternehmen langfristig den Aufbau, Erhalt und Schutz von Wettbewerbsvorteilen sichern" (Kaudala-Baum 2006, S.124).

Durch die technik- und automatisierungsgetriebene Tertiärisierung und die globale Innovations- und Qualitätskonkurrenz hat sich ein großer Teil der produzierenden Tätigkeiten und Arbeitsplätze in wissensbasierte Dienstleistungserbringung gewandelt. Die traditionellen Produktionsfaktoren Boden, Kapital und Arbeit, werden in ihrer Bedeutung inzwischen vom Wissen als Produktionsfaktor Nummer eins unserer Ökonomie, übertroffen. Die hierauf aufbauende ökonomische Argumentation, hebt die gestiegene und weiter steigende Bedeutung des Humankapitals hervor. Personengebundenes Wissen und mitarbeiterspezifische Kompetenzen wurden zum Gegenstand des strategischen und wettbewerbsentscheidenden Managements (vgl. Moldaschl 2005, S. 23 f.).

In der strategischen Managementlehre hat der als „Resource-based View" bekannte Ressourcenansatz vor allem in den 1990er Jahren für Diskussionen um die erfolgreiche Unternehmensführung gesorgt. Der Kerngedanke dieser Theorie, die allerdings nur selten als „theory of the firm", sondern bescheidener als „View", bezeichnet wird, geht auf Edith Penrose zurück, die in ihrer „theory of the growth of the firm" (1959) den Einsatz der Ressourcen und nicht die Unternehmensressourcen selbst als Wachstumsfaktor identifiziert hat. Im heutigen Kontext des Human Ressourcen Managements bedeutet dies, dass nicht alleine die Mitarbeiter und ihre Kompetenzen für den Unternehmenserfolg ausschlaggebend sind, sondern deren Management (vgl. bspw. Barney, Wright 1998).

Doch bevor das Human Ressourcen Management näher beleuchtet wird, soll die Ressource-based View und deren Weiterentwicklung zur Competence-based View dargestellt werden.

4.1.2 Ressource-based View

Die Überlegungen zur „Ressource-based View of the firm" verfügen über keinen klar abgrenzbaren theoretischen Bezugsrahmen (vgl. Mahoney, Pandian 1992) und analysieren unternehmensinterne Ressourcen und deren Management (vgl. Schreyögg 2000, S. 484 f.). Alle Unterschiede und Divergenzen zu den Ressourcen anderer Unternehmen sind dabei das zentrale Argument für die Generierung von Wettbewerbsvorteilen einzelner Unternehmen (vgl. Ansoff 1965). Penrose ist die Entwicklung der Erkenntnis, „dass Ressource nicht als solche, sondern erst durch ihre unternehmensspezifische Nutzung, Verwendung und Kombination den Unternehmenserfolg bestimmen" (Fried 2005), anzurechnen. Es geht für die Position im Wettbewerb demnach nicht nur um die Heterogenität der Ressourcen der Unternehmen, sondern vor allem um die Ressourcenkoordination und unternehmensspezifische Ressourcennutzung (vgl. Spender 1994, S. 335).

Burr (2008) überträgt die Ressource-based View vom klassischen Anwendungsfall des Industrieunternehmens (vgl. Prahalad, Hamel 1990) auf Dienstleistungsunter-nehmen, da hier aufgrund der Immaterialität eine Strategie für die zur Leistungserstellung erforderlichen Ressourcen besonders elementar ist. Er hebt in diesem Zusammenhang die Bedeutung von qualifizierten und motivierten Arbeitnehmern für personalintensive Dienstleistungsunternehmen hervor und stellt die Bedeutung eines „erfahrenen Managementteams" (Burr 2008, S.186) heraus. Burr verdeutlicht, wie der klassische ressourcenorientierte Erklärungsansatz die ganzheitliche Analyse über die einzelnen Teilbereiche hinweg ermöglicht. Er arbeitet drei Kompetenzdimensionen heraus und erklärt hierauf aufbauend das Zustandekommen von Wettbewerbsvorteilen.

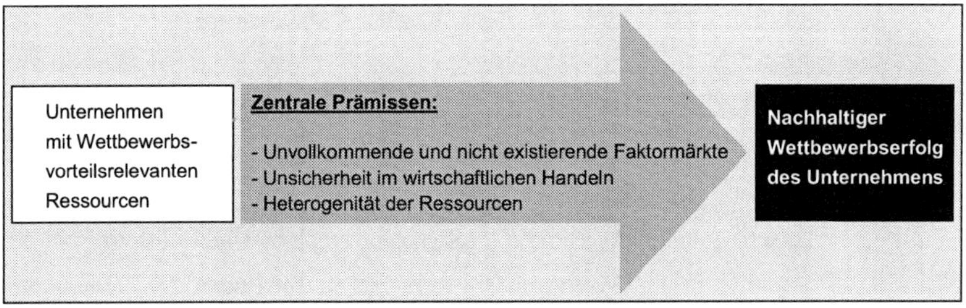

Abbildung 4.1: Grundprämissen der Ressource-based View

(Eigene Darstellung in Anlehnung an Sammerl 2006, S. 132)

Bei kritischer Betrachtung der Ressource-based View tritt hervor, dass die ausschließlich auf unternehmensinterne Potenziale beschränkte Sichtweise, aufgrund der Vernachlässigung der externen Bedingungen, keine ausreichende Grundlage für strategische Entscheidungen und Handlungen sein kann (vgl. Moldaschl 2005, S. 30). Die Ressource-based View stößt zum anderen an Grenzen, wenn die zur Generierung intangibler Assets nötigen intangible Ressourcen nicht auf Märkten erworben werden können. Personal und Mitarbeitern können noch dazu nicht fest an das Unternehmen gebunden werden (vgl. Fried 2005, S. 153).

Auf der Grundlage dieser Einsicht erweiterte Freiling die Definition von Ressourcen. Diese sind nach seiner Ausführung nicht nur unternehmensspezifisch und von hoher Relevanz für die Wettbewerbsposition, sondern es ist Mitbewerbern kurz- und mittelfristig auch unmöglich, dieselben Ressourcen zu nutzen. Ferner ist es ein Merkmal, dass diese Ressourcen durch unternehmensinterne Veredelungsprozesse entwickelt werden müssen (vgl. Sammerl 2006, S. 135). Dieser Prozessgedanke wird allerdings vor allem der Competence-based View zugerechnet.

4.2 Competence-based View als theoretischer Bezugsrahmen des Human Kapital Managements

Bereits im Zuge der Diskussionsintensivierung der Ressource-based View in den 1990er Jahren, wurden neben Ressourcen und Vermögensgegenständen „intangible Assets“ wie zum Beispiel die Kompetenzen und Fähigkeiten der Mitarbeiter verstärkt in den Mittelpunkt gestellt. In dieser Phase der Wissensorientierung galt das organisationale und kollektive Wissen als zentraler strategischer Erfolgsfaktor (vgl. Fried 2005, S.166 f.). Die Ausführungen von Spender (1994) zu organisationalem Wissen und Kompetenzen in Unternehmen, die in seinen Augen auch im Unternehmen generiert werden müssen, fanden allerdings keinen direkten Widerhall, sondern wurden erst in der Competence-based View wieder aufgegriffen.

Die Competence-based View ist eine gedankliche Fortführung der Ressource-based View, die sich im Laufe der 1990er Jahre entwickelt hat. Neben den Ressourcen werden in diesem Ansatz die unternehmensspezifischen Mitarbeiterkompetenzen zur Erklärung nachhaltiger Wettbewerbsvorteile in den Fokus gestellt. Gegenstand der Competence-based View ist die Nutzung und Nutzenmaximierung der Handlungspotenziale von Inputgütern und Ressourcen durch Mitarbeiterkompetenzen (vgl. Sammerl 2006, S. 160 ff.). Der kompetenzorientierte Ansatz sieht die Produkte und Dienstleistungen einer Firma als das Ergebnis der Unternehmenskompetenzen. Die Kompetenzausstattung des Unternehmens, das als Kompetenzbündel verstanden werden kann, begrenzt somit die Handlungsoptionen und den langfristigen Erfolg des Unternehmens (vgl. Prahalad, Hamel 1990, S. 80 ff.).

Die Competence-based View erweitert den statischen Ressourcenansatz um die Dimension des Prozesses, da Ressourcen in dieser Perspektive erst durch die Anwendung zu Kompetenzen „veredelt“ werden und weiterentwickelt werden müssen. Zudem sind unterschiedliche Kompetenzen nötig, um aus verfügbaren

Ressourcen Wettbewerbsvorteile zu generieren und die Leistungspotenziale eines Unternehmens zu realisieren (vgl. Freiling et al. 2006, S. 6). Da Kompetenzen nur einen Teil der Ressourcen eines Unternehmens ausmachen, wird der Fokus im Rahmen der Competence-based View im Vergleich zum ressourcenorientierten Ansatz in gewisser Weise auch eingeschränkt.

Das Verständnis der im Zentrum des Ansatzes stehenden Kompetenzen oder auch Skills und Fähigkeiten ist in der Literatur nicht einheitlich, da eine Vielzahl unterschiedliche Begriffe und Begriffsverwendungen nebeneinander bestehen (vgl. Moldaschl 2008, S. 432; Freiling et al. 2006, S. 39 f.). Um die Begriffsvielfalt aufzuzeigen und gleichzeitig abzugrenzen, wird in der folgenden, von Sammerl erstellten, Tabelle ein Überblick der grundsätzlichen Merkmale organisationaler Kompetenzen, im Sinne der Competence-based View, vermittelt.

Autor	Definition
Grant (1991)	„... capabilities involve complex patterns of coordinatin between people and people and other resources. ... A capability is, in essence, a routine, or a number of interacting routines."
Amit/ Shoemaker (1993)	„Capabilities, in contrast, refer to a firm's capacity to deploy Resources, usually in combination, using organizational processes, to effect a desired end. They are information-based, tangible or intangible processes that are firm-specific and are developed over time through complex interactions among the firm's Resources."
Collis (1994)	„... this paper will define organizational capabilities as the socially complex routines that determine the efficiency with which firms physically trnasform inputs into outputs. ... Organizational capabilities ... reside in the corporate culture and network of employee relations."
Sanchez/ Heene/ Thomas (1996)	„Competence is an ability to sustain the coordinated deployment of assets in a way that helps a firm achieve its goals. Here we use the word ability in teh ordinary language meaning of a „power to do something." "
Teece/ Pisano/ Shuen (1997)	„When firm-specific assets are assembled in integrated clusters spanning individuals and gruops so that they enable distinctive activities to be performed, these activities constitute organizational routines and processes. Examples include quality, miniaturization, and systems integration. Such competences are typically viable across multiple product lines, and may extend outside the firm to embrace alliance partners."
Dutta/ Narasimhan/ Rajiv (2005)	„One can think of capabilities as the efficiency with which a firm uses the inputs available to it (i.e., ist resources such as R&D expenditure), and converts them into whatever output(s) it desires (i.e., ist objectives, such as developing innovative technologies). This reasoning suggests that capabilities are clearly an „intermediate transformation ability" between resources (i.e. inputs) and objectives."

Tabelle 4.1: Der Kompetenzbegriff in der Competence-based View (Sammerl 2006; S. 162)

Die Begriffe „competences“ und „capabilities“ stehen für dasselbe Konzept und können als Synonyme gesehen werden. Alle aufgeführten Definitionen beschreiben das Unternehmen als Bezugsgröße für Kompetenzen und nicht das einzelne Individuum. Für diese organisationalen Fähigkeiten sind kollektives Handeln und auftretende Synergien notwendige Voraussetzungen. Durch die Koordination und Verknüpfung der Kompetenzen der Individuen entsteht eine Gesamtkompetenz des Unternehmens, die größer als die Summe der Individualkompetenzen ist und sich von Mitbewerbern kaum imitieren lässt (vgl. Sammerl 2006).

Aufgrund der Notwendigkeit, Kompetenzen im Unternehmen zu akkumulieren und organisatorisch zu verankern, werden Kompetenzen in der Competence-based View auch als Routinen bezeichnet (vgl. Christensen 1996, S. 113) und stellen damit regelmäßige, überindividuelle Verhaltensmuster dar (vgl. Freiling 2001, S. 127 ff.). Innerhalb der Competence-based View haben weitere Differenzierungen des Kompetenzbegriffs stattgefunden. Abbildung 4.2 veranschaulicht die organisationale Kompetenzhierarchie, in der Ressourcen, Kompetenzen und die auf Hamel und Prahalad zurückgehenden Kernkompetenzen (vgl. Hamel, Prahalad 1994) nebeneinander, unterhalb der dynamischen Metafähigkeiten, angeordnet sind (vgl. Sammerl 2006, S. 166 f.).

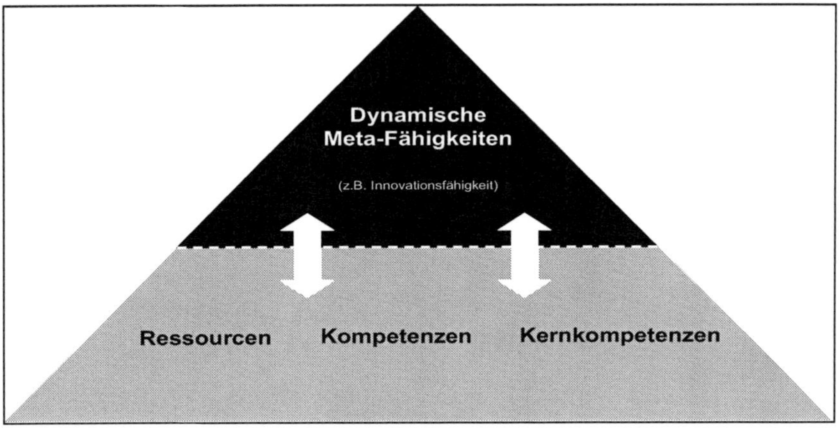

Abbildung 4.2: Organisationale Kompetenzhierarchien
(Sammerl 2006; S. 167)

Die Competence-based View stellt zwar humane Ressourcen und das Wissen und Können der Mitarbeiter in den Fokus ihrer Betrachtung, lässt das Management des Unternehmens hierbei aber als gleichwohl imaginäre Instanz weitgehend unberücksichtigt und diskutiert als handlungstheoretisches Erklärungsmuster keine Handlungsalternativen. Die Nutzung und Entwicklung der Kompetenzen bleibt, obwohl diese als Grundlage jedes Wettbewerbsvorteils gesehen werden, in ihrer quantitativen Ausgestaltung unklar und den nicht näher betrachteten Managementverantwortlichen, sowie deren individueller Kompetenz überlassen (vgl. Ridder et al. 2001). Die Competence-based View gibt Impulse für das Human Ressourcen Management und stellt aufbauend auf der Ressoucebased View die Bedeutung der Humanausstattung und der Kompetenzen für Unternehmen verstärkt heraus.

Gewissermaßen ist dieser Ansatz die optimale Grundlage für die Auseinandersetzung mit dem strategischen Kompetenzmanagement, da sich dieser Ansatz genau mit den hier offen gelassenen Fragestellungen auseinandersetzt und neben Erklärungsansätzen auch Begriffsabgrenzungen und Handlungsoptionen anbietet. Doch wie die aktuelle Diskussion deutschsprachiger Forscher auf dem 5. Symposium „Strategisches Kompetenzmanagement" im September 2007 hervorhob, stellt der Forschungsansatz des strategischen Kompetenzmanagements keine eigenständige betriebswirtschaftliche Teildisziplin dar. Er ist vielmehr eine Zusammenfassung einzelwirtschaftlicher Teildisziplinen (vgl. Eisenkopf et al. 2008, VI). Daher soll vor der Auseinandersetzung mit dem Kompetenzmanagement die übergeordnete Diszi-plin des Human Ressourcen Managements dargestellt werden.

4.3 Das Konzept des Human Ressourcen Managements

Die organisationstheoretische wie personalwirtschaftliche Literatur stellt den hohen Stellenwert sowie auch die zentrale Bedeutung der Humanressourcen übereinstimmend dar und zeigt, dass Menschen mit ihren Qualifikationen und Kompetenzen, ihrer Bereitschaft, sich für Unternehmensziele einzusetzen und letztendlich ihrer Leistung elementar für den Unternehmenserfolg sind (vgl. Pfeffer 1994). Humanressourcen sind dabei keine feststehenden Größen, die lediglich genutzt werden, sondern individuelle Potenziale, die es systematisch zu identifizieren und zu erschließen gilt. Ihre Eigenschaft des Wettbewerbsvorteils kann nur realisiert werden, wenn diese Ermittlung und Erschließung durch die unternehmensspezifische Ausgestaltung zielgerichtet und imitationsgeschützt erfolgt (vgl. Ridder et al. 2001, S. 71 f.).

Der Mensch als Ressource ist nicht trivialisierbar und kann nicht wie eine Maschine, deren Output durch einen spezifischen Input konkret determiniert werden kann, gesteuert werden (vgl. Ringlstetter, Kaiser 2008, S. 52 ff.). Menschen und Mitarbeiter sind vielschichtig und facettenreich, und ihre zielgerichteten Leistungen können nur durch nachhaltige und langfristige Aktivitäten des Human Ressourcen Managements generiert und gesichert werden (vgl. Ringlstetter, Kaiser 2008, S. 69 f.).

4.3.1 Wurzeln, Merkmale und Definition des Human Ressourcen Managements

Das Human Ressourcen Management hat sich, aus dem Bemühen um eine theoretische Grundlage, für die Steuerung der Humanressourcen entwickelt, die aus den dargestellten ressourcen- und kompetenzorientierten Forschungen bisher nicht in befriedigendem Umfang generiert werden konnte. Wie auch bei den ressourcenorientierten Ansätzen wird hierbei unterstellt, dass die Generierung, Kombination, Erhaltung und Entwicklung der Ressourcen und insbesondere der immateriellen Ressourcen, also der Mitarbeiter, den Gesamterfolg des Unternehmens determinieren (Fried, 2005).

Die von Mahoney (1992) als Quelle der Wettbewerbsvorteile beschriebenen „Isolating Machanisms“ scheinen als ressourcentheoretische Grundlage in besonderem Maße für die Humanressourcen im Unternehmen Relevanz zu haben. Mahoney führt aus, dass zur Generierung von Wettbewerbsvorteilen nicht imitierbares Managementtalent sowie eine einzigartige Kombination von Erfahrung nötig sind. Die benötigten strategisch wertvollen Prozesse können nur durch Teamfähigkeit und organisationale Routinen sowie in einer werthaltigen Unternehmenskultur entstehen. Die firmenspezifischen Kenntnisse und Fähigkeiten der Mitarbeiter, sowie vor Imitation schützbare Lern- und Erfahrungseffektkurven, bedingen den Unternehmenserfolg.

Die Arbeiten von Maslow und McGregor, die in den 1950er Jahren ein humanistisches Bild vom Mitarbeiter postulierten, sind als historische Wurzel des Human Ressourcen Managements anzusehen. Einige Jahre später beschrieb Miles, als weitere Grundlage in seiner „Theorie of Management“, den Unterschied zwischen Human Relations und Human Ressourcen. In diesem Modell nutzt die Führungskraft oder das Unternehmensmanagement die Kompetenzen und Potenziale der Mitarbeiter und fördert deren Fähigkeiten (vgl. Staehle 1989, S. 389). Die eigentliche Integration der Humanressourcen in das strategische

Management geht allerdings auf eine Konzeptentwicklung von Ansoff (1984) zurück. Um die Leistungsfähigkeit der internen Ressourcen und Strukturen zu verbessern, definierte er drei Notwendigkeiten, welche die Grundlage für die Verbindung des strategischen Managements zur Organisations- und Personalentwicklung herstellten (vgl. Schubert et al. 2008, S. 12 f.).

Charakteristiken des Konzeptansatzes von Ansoff:

- all economics and social linkages with the environment
- capability planning
- management of resistance to change

Er fordert damit die gleichberechtigte Beachtung der System/Umwelt-Beziehungen und Produkt/Markt-Strategien sowie die gleichgerichtete Behandlung der internen Kompetenzen. Ebenfalls erfolgsentscheidend ist das Management der notwendigen internen Veränderungsprozesse.

Auf dieser Grundlage definiert Wright (1999 S. 52) das Strategische Human Ressourcen Management als „a pattern of planed human resource deployment and activities indended to enable an organisation to achieve its goals". Dem Ansatz des Human Ressorucen Management liegen zudem das Michigan- und Harvard-Konzept zugrunde (vgl. Staehle 1999, S. 776 ff.; Liebel, Oechsler, 1994, S. 1 ff.). Charakteristisch für diese Konzepte ist, dass Menschen als zentrale Erfolgsfaktoren und -potenziale durch entsprechende Führung, Motivation und Entwicklung, die Erreichung der Unternehmensziele bedingen (vgl. Oechsler 2000, S. 20).

Aufbauend auf diesem Verständnis wurde an der Harvard Business School eine Problemlandkarte des Human Ressourcen Managements entwickelt, die Determinanten und Folgen der Human Ressourcen Management-Politik mit der Unternehmensführung verknüpft (vgl. Beer et al. 1985, S. 17). Wichtige Charakteristik des Harvard-Ansatzes ist die „General Management-Perspektive".

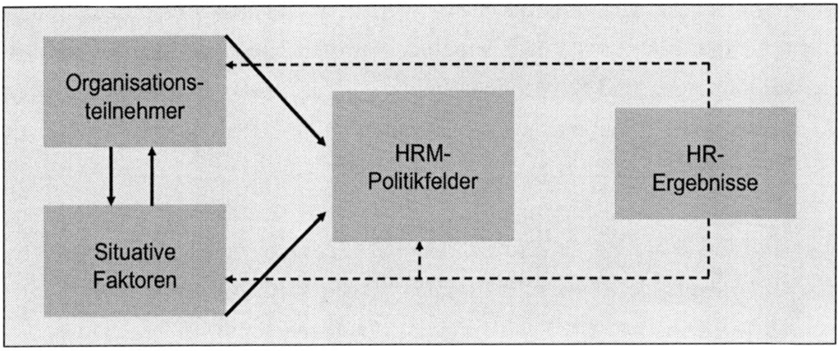

Abbildung 4.3: Human Ressourcen Management-Konzeption nach dem Harvard-Konzept
(Beer et al. 1985, S. 17)

Der Ansatz definiert vier zentrale Human Ressourcen Management-Politikfelder, deren integrative Abstimmung - sowohl untereinander als auch mit der Unternehmensstrategie - als Hauptaufgabe zu sehen ist. Zu diesen HRM-Politikfeldern gehören Mitarbeiterbeteiligung, alle Humanressourcenbewegungen, alle Arten von Anreizsystemen sowie der gesamte Bereich der Arbeitsorganisation.

Die Michigan School leistete dagegen die Entwicklung eines strategisch orientierten Human Ressourcen Management-Ansatzes, der auf die Formulierung und Implementierung einer langfristigen Planung ausgerichtet ist (vgl. Oechsler 2000, S. 22). Der Ansatz (vgl. Tichy et al. 1982) definiert für diese Planung drei Kernelemente und hat deren Integration zum Gegenstand. Es muss demnach darum gehen, die Strategie und das verfolgte Produkt-Markt Konzept des Unternehmens und die Organisationsstruktur der Leistungserstellung und –verwertung aufeinander abzustimmen.

Das dritte Kernelement, die Aktivitäten des Human Ressourcen Managements, soll die Umsetzung der Strategie in der entsprechenden Struktur durch die Verfügbarkeit der quantitativ und qualitativ erforderlichen Mitarbeiter gewährleisten. Die Entscheidungen über Strategie, Struktur und Human Ressourcen Management werden dem Ansatz nach simultan getroffen. Diese simultane Verknüpfung von Strategie- und Strukturentscheidungen ist für das Human Ressourcen Management zentral und macht die Integration in die Unternehmensführung aus (vgl. Oechsler 2000, S. 22 ff.).

Durch die Fokussierung auf die Fähigkeiten, Fertigkeiten und Potenziale von Mitarbeitern weist der Human Ressourcen Management-Ansatz zum einen eine verhaltenswissenschaftliche Fundierung auf. Zum anderen ist in ihm eine neuartige ökonomische Perspektive zu sehen. Personal wird nicht mehr als Kostenfaktor, sondern als einzel- und gesamtwirtschaftlicher Wert verstanden und nicht mehr verwaltet, sondern gewonnen, erhalten, genutzt und entwickelt (vgl. Staehle 1999, S. 777).

4.3.2 Von der Personalarbeit zum Human Ressourcen Management

Als strategischen Erfolgsfaktor für das Unternehmen ist die Wertschätzung von Mitarbeitern erheblich gestiegen und hat ab den 1980er Jahren zu einem Paradigmenwechsel im Personalmanagement geführt. Früher ging es darum, den Kostenfaktor Personal zu verwalten und Personalarbeit reduzierte sich auf die Anwendung der Personaltechniken, die von der Einstellung, über den Einsatz und die Vergütung, bis zur Entlassung reichten. Der Perspektivenwechsel hat dazu geführt, dass Personal gleichberechtigt neben anderen betrieblichen Aufgabengebieten, wie der Produktion oder dem Vertrieb steht und eine integrative und strategische Neuorientierung zur genuinen Managementaufgabe erfuhr (vgl. Staehle 1989, S. 388).

Als einer der ersten deutschen Betriebswirte hat Rember (1978, S. 16 ff.) die Gleichstellung der Personalarbeit mit dem Bereich der Unternehmensplanung und –führung, sowie den Vorrang vor der Gestaltung der organisatorischen Unternehmensstruktur gefordert. Die Definition von Personalentwicklungszielen und die Planung operativer Maßnahmen sollten bereits in seinen Augen vom Personalbereich nicht im Alleingang, sondern in Abstimmung auf die Unternehmensstrategie erfolgen. Es hat allerdings einige Zeit in Anspruch genommen, bis sich dieser Funktionswandel hin zum Human Ressourcen Management vollzogen hat, und bei einem Blick in den betrieblichen Alltag müsste man teilweise anführen, dass der Funktionswandel noch andauert.

Die immer schneller fortschreitende technisch-wissenschaftliche Entwicklung und die daraus resultierenden gestiegenen Arbeitsanforderungen sowie der Trend zur Höherqualifizierung, haben den Paradigmenwechsel begünstigt und vorangetrieben. Staehle (1988) führt

- die Wettbewerbsverschärfung,
- neue Technologien,
- Qualitäts- und Produktivitätsprobleme,
- demographische Veränderungen,
- sowie den Wertewandel in der Arbeitswelt als Gründe und Ursachen für den Funktionswandel des Personalbereichs im Unternehmen an.

In Abbildung 4.4 ist diese Aufzählung der Gründe für den Bedeutungswandel um aktuelle Themen und Herausforderungen ergänzt und verdeutlicht den immer noch oder gerade heute stattfindenden Bedeutungsgewinn des Human Ressourcen Managements.

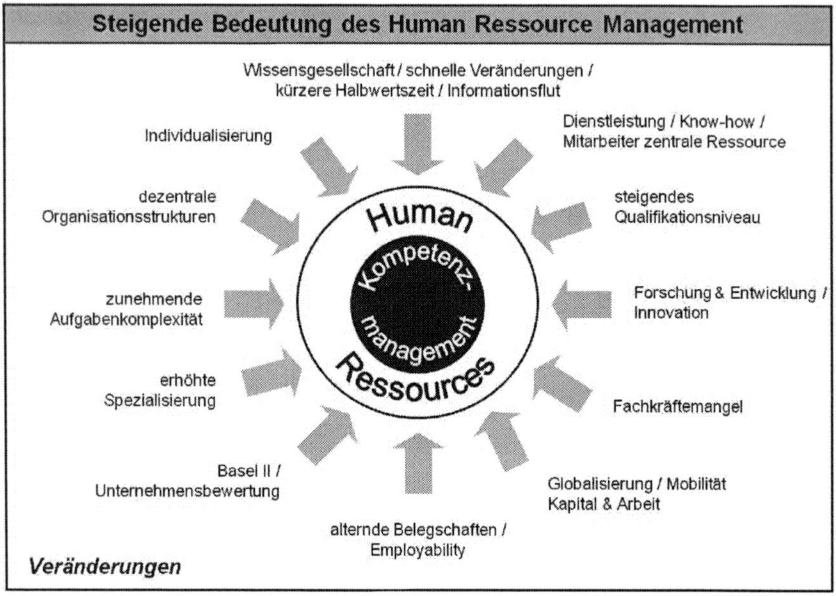

Abbildung 4.4: Gründe für die steigende Bedeutung des Human Ressourcen Managements

Staehle (1999, S. 777) gibt folgenden Überblick zu den spezifischen Neuerungen durch den Paradigmenwechsel, die sich dadurch zeigen, dass:

- bislang getrennt betrachtete personalwirtschaftliche Teilfunktionen wie Personalplanung, -beschaffung, -auswahl und -entwicklung in ihrem Zusammenhang erkannt und als integrative Problemlösungskonzepte behandelt werden;

- deren gleichgewichtete Einbindung in zuvor übergeordnete Strukturen und Strategieentscheidungen vorgenommen wird und

- die menschlichen Ressourcen aus einer „General Management"-Perspektive und nicht aus einer spezifischen Funktionsperspektive, wie der des Personalwesens, betrachtet und das Management in die Verantwortung über die menschlichen Ressourcen eingebunden wird."

Wie in Tabelle 4.2 bei der Gegenüberstellung des Betrieblichen Personalwesens und des Human Ressourcen Managements zu sehen, hat letzteres eine unternehmerische Perspektive und ist langfristig, integrativ sowie situativ und dadurch flexibel und erscheint als passende Antwort auf den heutigen Stellenwert der Humanressourcen.

	Betriebliches Personalwesen	**Human Ressource Management**
Unternehmenspolitische Einordnung	nachgelagerte betriebliche Funktion	integrierter Bestandteil der Unternehmensstrategie
Aktivitätenhorizont	kurzfristig – reaktiv	langfristig – proaktiv
Interessen-perspektive	interessenpluralistisch konfliktorientiert	interessenmonistisch harmonieorientiert
Personalpolitisches Instrumentarium	bürokratisch – vereinheitlicht zentralisiert – standardisiert	organisch – flexibel dezentral – situativ
Kontrolle	Fremdkontrolle	Selbstkontrolle
Erfolgskriterien	Konformität Kostenreduzierung	Selbstverpflichtung Intensivierung der Arbeit
Grundhaltung	verwaltend	unternehmerisch

Tabelle 4.2: Unterschiede zwischen betrieblichen Personalwesen und Human Ressourcen Management (Oechsler 2000, S. 21)

Das Human Ressourcen Management ist dabei in hohem Maße Quelle organisationaler Effektivität, ohne die der Erfolg von Unternehmen in Zeiten der Globalisierung nicht vorstellbar ist. Im Besonderen hängt die Innovationsfähigkeit von organisationalen Strukturen und der Förderung der Innovationskraft der Humanressourcen ab, aber auch die Qualität der strategischen Entscheidungen ist verbunden mit der Qualität und den Kompetenzen der Menschen, die die Entscheidungsprozesse beeinflussen.

Das Erreichen strategischer Ziele ist in erheblichem Maße von den systematischen Organisationsstrukturen und der konsequenten Umsetzung der Human Ressourcen-Instrumente, wie dem Kompetenzmanagement, abhängig. Aufgrund der hohen Relevanz der strategischen Perspektive hat sich, aufbauend auf dem klassischen Human Ressourcen Management-Ansatz, das Strategische Human Ressourcen Management entwickelt, das die enge Verknüpfung mit der Unternehmensstrategie betont und neben der Strategieorientierung die vernetzten und komplexen Zusammenhänge der Mitarbeiterkompetenzen in den Vordergrund stellt (vgl. Oechsler 2000, S. 27).

4.3.3 Strategisches Human Ressourcen Management

Das Human Ressourcen Management ist im Rahmen der Strategieformulierung und –implementierung eine Anforderung, die als „General Management"-Perspektive alle Führungskräfte betrifft. Hierin liegt einiges Konfliktpotenzial, wenn beispielsweise auf eine zentrale Strategieformulierung eine dezentrale Umsetzung folgt. Auch das Aufeinandertreffen grundlegender Managementfähigkeiten und „professionalisiertem Human Ressourcen Management-Wissen" beinhaltet einige Herausforderungen.

Strategisches Human Ressourcen Management bietet, durch die strategieorientierte und systematische Abstimmung der einzelnen Instrumente, Ansätze zur Bewältigung dieser Konfliktbereiche. Zielsetzung ist dabei nicht die Einzelproblemlösung, sondern ein strategie- und leistungsorientierter, zusammenhängender Lösungsansatz, der alle Führungskräfte handlungsfähig macht. Der innovative Aspekt des Strategischen Human Ressourcen Managements liegt daher nicht in den einzelnen Instrumenten, sondern ist in einer Sichtweise begründet, die nicht die isolierte Personalfunktion, sondern die komplexen Zusammenhänge der Mitarbeiter im Managementprozess in den Fokus stellt (vgl. Oechsler 2000, S. 27 f.).

In der Literatur wurde in den 1990er Jahren die Verknüpfung zwischen Human Ressource Management und strategischer Unternehmensführung konzeptionell neu aufgestellt. Aufbauend auf der Erkenntnis, dass die Personalwirtschaft nicht nur mittelbar zum Unternehmenserfolg beiträgt, sondern die Wettbewerbsfähigkeit des Unternehmens direkt beeinflusst, wurde das Human Ressourcen Management direkt auf die Ziele der Unternehmen ausgerichtet (vgl. Ridder et al. 2001, S. 41). Die zentralen Kriterien für ein Strategisches Human Ressourcen Management sind nach Ridder et al. in Abbildung 4.5 zusammengefasst.

- HR-Programme sind integraler Bestandteil von Unternehmensstrategien
- Die Entwicklung von Personalprogrammen wird als strategische Entscheidung von der Unternehmensleitung getroffen
- Es findet eine vertikale Abstimmung zwischen Unternehmensstrategie und Personalstrategie statt.
- Es findet eine horizontale Abstimmung zwischen den personalpolitischen Instrumenten statt
- Die Implementierung obliegt Linienmanagern mit entsprechend hoher Verantwortung

Abbildung 4.5: Kriterien für ein Strategisches Human Ressourcen Management
(Ridder et al. 2001, S. 45)

In einem anderen Zusammenhang führen Ridder et al. (2001, S. 63), unter Bezugnahme auf Gratton (1999) aus, dass die positiven Effekte der Verknüpfung von Unternehmens- und Personalstrategie auf die Wettbewerbsfähigkeit und Effektivität, je nach Ausmaß der Verbindung der Unternehmensstrategie, mit den Human Ressourcen Management-Prozessen variieren.

Die Rolle des Human Ressourcen Management im strategieorientierten Managementprozess kann unterschiedlich definiert sein. Je nach Abstimmungsintensität mit der Unternehmensführung kommen mehr oder weniger gut passende Human Ressourcen Management-Praktiken und Instrumente zum Einsatz. Die Bandbreite und Heterogenität der Ansätze hat zur Unterscheidung von zwei grundsätzlichen Varianten des Strategischen Human Ressourcen Managements geführt. Bei der „hard version“ wird die Bedeutung der Strategie stark hervorgehoben, während bei der „soften“ Variante die Annahme dominiert, dass Unternehmensziele nur erreicht werden können, wenn die Arbeitnehmer bestmöglich für diese Ziele motiviert und überzeugt werden (vgl. Ridder et al. 2001, S. 40).

»hard version«	»soft version«
▪ Anpassung an externe Herausforderungen ▪ Verknüpfung der Leistungspotenziale von Arbeitnehmern mit der Unternehmensstrategie ▪ Suche nach HR-Instrumenten, die eine bessere und intensivere Nutzung des Leistungspotenzials von Arbeitnehmern erlauben ▪ Verbesserung der Kontrolle über den Produktionsprozess	▪ Verbesserung der Ressourcenbasis ▪ Berücksichtigung von Zielen der Arbeitnehmer ▪ Berücksichtigung von Zielen weiterer Anspruchsgruppen ▪ Suche nach Arbeitsbedingungen, die Motivation und Leistung verbessern ▪ Erhöhung von Commitment

Tabelle 4.3: Varianten des Strategischen Human Ressourcen Managements
(Ridder et al. 2001, S. 40 in Anlehnung an Storey 1995)

Ende der 1990er Jahre wurde der Zusammenhang zwischen der strategischen Unternehmensführung und dem Human Ressourcen Management konzeptionell neu beleuchtet. Die hieraus resultierenden Konzeptionen beruhen auf der Annahme, dass personalwirtschaftliche Instrumente den Unternehmenserfolg direkt und in hohem Ausmaß beeinflussen. Sie müssen daher kriteriengestützt auf die strategischen Ziele des Unternehmens ausgerichtet werden, um so die Wettbewerbsfähigkeit nachhaltig zu stärken (vgl. Muller et al. 1999, 68 ff.; Fischer/Weitbrecht 1995, 372 ff:; Storey 1995, 5 ff.).

Wright und Snell (1998) haben hierzu ein HRM-Modell entwickelt, das unterschiedliche Umweltzustände integriert und die Realisierung der Unternehmensziele durch Humanressourcen durch einen doppelten „fit" realisierbar macht. Beim „vertikalen fit" geht es dabei um die Übereinstimmung von Personal- und Unternehmensstrategie. Der „horizontale fit" stellt die Abstimmung der HRM-Praktiken und Instrumente in den Vordergrund. Das Modell geht davon aus, dass sich „fit" und Flexibilität nicht gegenseitig ausschließen und dass Human Ressourcen Management die Umweltzustände berücksichtigen kann und muss. Wright und Snell haben damit eine HRM-Architektur entwickelt, in der - unter Rücksicht auf unterschiedliche Umweltzustände - die Unternehmensstrategie dominant präsent ist. Dieses Modell leistet, wie auch andere HRM-Praktiken, einen direkten und funktionalen Beitrag zu den Strategiezielen und zur Unternehmensentwicklung (vgl. Ridder et al. 2001, S. 51).

Auch wenn, wie eingangs des Kapitels dargestellt, der Bedeutungswandel des konventionellen Personalmanagements sowohl durch die neue Rolle im strategischen Management (vgl. Wunderer, Kuhn 1995, S. 4) als auch durch einen Begriffswechsel hin zum Human Ressourcen Management gekennzeichnet ist, sind die Ansätze des Strategischen Personalmanagements und des (Strategischen) Human Ressourcen Managements nicht grundsätzlich verschieden, sondern weisen, in Annahmen, Ausführungen, Konzepten und Instrumenten, einen hohen Deckungsbeitrag oder sogar identischen Überschnitt auf. Für den Kontext dieser Arbeit können das Strategische Personalmanagement und Human Ressourcen Management, wobei dieser Begriff mit dem englischen Human Ressourcen Management gleichzusetzen ist, auf dieselbe Ebene gestellt werden.

Es soll allerdings an dieser Stelle nicht unterbleiben, den Ansatz und die Blickwinkel des Strategischen Personalmanagements in seinen Grundzügen zur Verdeutlichung der Gleichsetzung darzustellen. Nach Marr (1987, S. 21 f.) wurde das Bild der praktischen Personalarbeit durch folgende vier strategische Dimensionen zum Konzept des Strategischen Personalmanagements erweitert:

- Humanressourcen werden als Gegenstand unternehmerischen Erfolgspotenzials betrachtet und sind auf der Grundlage differenzierter Potenzialanalysen expliziter Planungsgegenstand einer weitgehend ökonomisch betonten Perspektive.
- Zur Differenzierung des Planungsgegenstandes werden Konzepte entwickelt, die die spezifischen Leistungspotenziale, Kompetenzen und Bedürfnisse der Mitarbeiter berücksichtigen.
- Konzepte für den Einsatz personalwirtschaftlicher Maßnahmen und Methoden müssen integrativ sein und einen langfristigen Wirkungshorizont aufweisen.
- Ein effektives und effizientes Management von Humanpotenzialen muss die strategischen Herausforderungen aufgreifen und der Unternehmensstrategie gerecht werden.

Analog zu den beiden Dimensionen des „fit" des Human Ressourcen Managements bringt auch die strategische Ausreichung des Personalmanagements die vertikale und horizontale Ausrichtung mit sich. Das strategische Personalmanagement wird mit den strategischen Entscheidungsprozessen eines Unternehmens abgestimmt und in der zweiten Dimension erfolgt die abgestimmte Integration der personalwirtschaftlichen Instrumente (vgl. Schuler 1992). Die doppelte Abstimmungsperspektive geht dabei allerdings auf das Modell von Wright und Snell zurück (vgl. Feldhoff 2005, S.140 f.). Das Strategische Personalmanagement kann mit dem (Strategischen) Human Ressourcen Management gleichgesetzt werden (vgl. Müller 2006, S. 5).

Im Kontext der vorliegenden Arbeit bildet das Human Ressourcen Management vor allem den Bezugrahmen für die Auseinandersetzung mit dem Bereich des Kompetenzmanagements und kann daher nur knapp und in verkürzter Form dargestellt werden. Einen umfassenden Überblick zum Strategischen Human Ressourcen Managements als nachhaltige und konsistente Personalpraxis, die an der Unternehmensstrategie ausgerichtet ist und den hohen Stellenwert des bewussten und zielführenden Umgangs mit humanen Ressourcen in der betrieblichen Praxis unterstützt, bietet die Arbeit „Strategisches Human Ressource Management im Wandel" von Kaudela-Baum (2006). Aufbauend auf einem breiten, theoretischen Fundament, wird das strategische Personalmanagement aus der Anwendungsperspektive der Personalpraktiker im organisationalen Unternehmensgefüge dargestellt. Die Frage nach der Konzeption und Umsetzung der strategischen Ausrichtung steht dabei im Mittelpunkt und führt zur Darstellung der strategischen Gestaltungspotenziale und –barrieren des Human Ressourcen Managements.

Da die Verknüpfung der Unternehmens- mit der Personalstrategie die Voraussetzung für die Antizipation erfolgskritischer Engpässe im Planungsprozess ist, nimmt die strategische Partnerschaft zwischen dem Management und Humanressourcen-Funktionen in der Literatur zum Human Ressourcen Management einen zentralen Stellenwert ein (vgl. Lam, Schaubroeck 1998, S. 5 ff.). Da die Mitarbeiter, als wesentliche Grundlage von Wettbewerbsvorteilen, interpretiert und ihre Fähigkeiten und Kompetenzen als Voraussetzung für die strategische Ausrichtung des Unternehmens begriffen werden, muss, zur Erreichung der strategischen Ziele, die Architektur der HR-Instrumente so angelegt sein, dass ein Höchstmaß an Zielerreichung unterstützt und sichergestellt wird. Ridder (1996) überträgt in diesem Zusammenhang die dargestellte Denkfigur des „fit" von Wright und Snell auf zwei Wirkungsketten. Zum einen müssen Personalressourcen, die Unternehmensstrategie und die Human Ressourcen Management-Strategie aufeinander abgestimmt sein und zum anderen bedingt die Human Ressourcen Management-Strategie die HRM-Prozesse und das Humanressourcenergebnis.

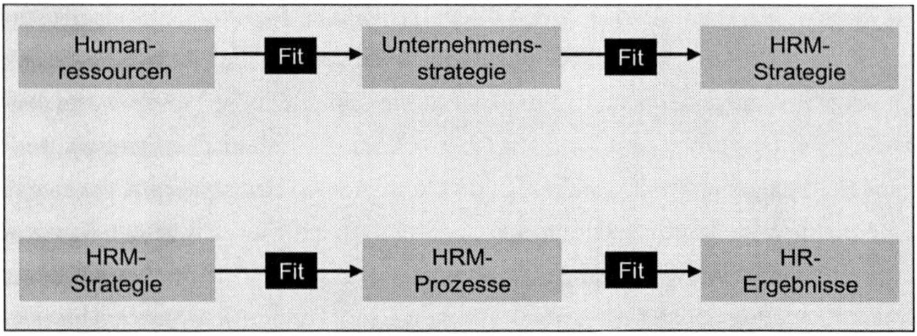

Abbildung 4.6: Prozessgestaltung von Humanressourcen und der HRM-Strategie
(vgl. Ridder et al. 2001, S. 57)

Der Erfolg von Unternehmen ist demnach von der Abstimmung zwischen der Unternehmensstrategie, der Personalstrategie und dem Einsatz der Humanressourcen abhängig. Die Zusammenstellung der HR-Instrumente, auf der Basis der Definition der Steuerungsprinzipien des Human Ressourcen Managements, stellt dabei einen eigenständigen Schritt dar. Konkurrierende Steuerungsansätze können dabei danach unterschieden werden, welche Personalsegmente als wertvoll bewertet werden (vgl. Lapak, Snell 1999, S. 37 ff.), welche HRM-Praktiken gebündelt werden (vgl. Guest 1997, 269 ff.), oder welche HRM-Zielausrichtung vorliegt (vgl. Gratton 1999, S. 185 ff.).

Ein strategisch ausgerichtetes Human Ressourcen Management und dessen Umsetzung kann nur durch ein professionelles theoriebezogenes Fundament und die Schaffung aller organisatorischer Voraussetzungen erfolgsbringend sein. Hierfür ist grundsätzlich eine hohe Professionalisierung des Human Ressourcen Managements nötig (vgl. Ringlstetter, Kaiser 2008, S. 69 f.). Auch wenn der Wirkungszusammenhang zwischen Strategischem Human Ressourcen Management und dem Unternehmenserfolg, aufgrund Isolier- und Messprobleme, bisher kaum empirisch nachgewiesen werden konnte (vgl. Ridder et al. 2001; Ridder, Bruns 2002), sind von Boxall (1996) drei Wirkungshypothesen hierzu herausgearbeitet worden, die die Professionalität der HRM-Prozesse sowie deren

Strategieorientierung und die Abstimmungsnotwendigkeit aller personalwirtschaftlicher Aktivitäten zur Generierung von Synergien betonen. Für die Identifikation, Klassifikation und Erschließung der Leistungspotenziale der Mitarbeiter sind drei Bereiche, als zentrale Managementaufgabe, elementar (vgl. Ridder et al. 2001, S. 71 ff.).

- Ressourcenorientierte Bestimmung, Auswahl und Entwicklung spezifisch qualifizierter Mitarbeiter
- Strategieorientierte Bündelung von personalwirtschaftlichen Instrumenten, um Humanressourcen in strategsich-spezifischer Art und Weise für das Unternehmen einsatzfähig zu machen
- Steuerung der Prozesse, um Humanressourcen einzusetzen, an Veränderungen anzupassen und als Träger divergierender Interessen zu erschließen.

Abbildung 4.7: Steuerungskompetenz als Herausforderung des Human Ressourcen Managements (Ridder et al. 2001, S. 72, eigene Darstellung)

Im Sinne dieser Ressourcenorientierung werden Ergebnisunterschiede bei der Erschließung von Mitarbeiterpotenzialen auf die Kompetenz des Managements, Humanressourcen zu erkennen, sowie auf organisatorischer und individueller Ebene zu erschließen, zurückgeführt. Hier werden, im Gegensatz zur klassischen Personalmanagementkonzeption, Potenzialchancen der Mitarbeiter stark betont und deren Identifikation und Management als wettbewerbsentscheidend herausgestellt.

Menschliche Ressourcen sind dabei weder trivial noch konstant, so dass externe wie interne situative Einflüsse und selbstgesteuerte Aktivitäten bei der Organisationsge-staltung, Führung etc. berücksichtigt werden müssen, wenn die optimale Steuerung der Ressourcen erreicht werden soll. Personalstrategien, als Teil personalwirtschaftlicher Aktivitäten, müssen die Humanressourcen durch die Verwendung entsprechender HRM-Praktiken und Instrumente erschließen.

Für diese Erschließung umfasst das Human Ressourcen Management personalwirtschaftliche Praktiken, die im Zuge der strategieorientierten Bündelung zur Transformation der Ressourcen und Potenziale im Arbeitsvermögen genutzt werden. Standardlösungen können hierbei nicht zum Einsatz kommen, da diese durch die Imitierbarkeit dem Ansatz des strategischen Wettbewerbsvorteils widersprechen würden.

Die Bündelung der personalwirtschaftlichen Instrumente bedeutet für das Management eine doppelte Herausforderung. Zum einen muss der Instrumentenmix die strategischen Ziele bestmöglich unterstützen. Zum anderen spielen die verhaltensbezogenen Komponenten eine große Rolle und die Abstimmung der Instrumente muss optimal auf die Kompatibilität mit dem Mitarbeiterverhalten ausgerichtet sein.

Die aufgrund der HRM-Strategie ausgewählten Instrumente, wie beispielsweise Personalentwicklungsmaßnahmen, verfolgen in erster Linie die Bereitstellung der benötigten Qualifikationen, haben aber ebenso die Funktion, das Verhalten der Mitarbeiter durch die Kombination mit anderen Instrumenten, wie zum Beispiel der Unternehmenskultur und der Führung, entsprechend der Zielsetzungen zu beeinflussen. Personalwirtschaftliche Instrumente müssen, im Sinne der Prozesssteuerung, auch eingesetzt werden, um die Lücke zwischen Arbeitsfähigkeit und tatsächlichem Arbeitseinsatz zu verringern.

Anreize, Übertragung von Eigentum, Führungsansätze und die Unternehmenskultur sind Determinanten dieser Steuerung, die ein eigensinniges Menschenbild voraussetzt (vgl. Ringlstetter, Kaiser 2008; S. 52), aber gleichzeitig davon ausgeht, dass Verhalten beeinflusst und gelenkt werden kann. Gerade im strategischen Kontext verschärft sich aufgrund der gegebenen Inkonstanzen, das Steuerungsproblem des Managements, da Veränderungsprozesse immer Verhaltensmodifikationen erfordern. Vor allem bei der Entwicklung und Einführung neuer Arbeits- und Organisationsformen ist die Akzeptanz und Partizipation der

Mitarbeiter erfolgsentscheidend und Manager benötigen die Kompetenz, wie die Erfahrung, diese Veränderungssituationen zu steuern (vgl. Ridder et al. 2001, S. 72 ff.).

Human Ressourcen Management beinhaltet, in doppelter Hinsicht, die Identifikation, Auseinandersetzung und Anwendung von Kompetenzen: Manager benötigen die Steuerungskompetenz, Human Ressourcen Management-Prozesse optimal zu gestalten wobei Mitarbeiterkompetenzen in diesem Prozess im Fokus stehen müssen. Kompetenzmanagement ist im Kontext des Human Ressourcen Managements ein wichtiger Steuerungsansatz, der die elementare Verknüpfung strategischer Erfordernisse und gezielte Kompetenzentwicklung und –nutzung berücksichtigt und unterstützt.

4.3.4 Der Stellenwert des Kompetenzmanagements

Humane Ressourcen können für die Erreichung der Unternehmensziele und die Sicherung von Wettbewerbsvorteilen nur dann nutzenbringend sein, wenn sie zu Handeln oder Performanz führen und so im Sinne von Kompetenzen im betrieblichen Arbeitskontext zum Einsatz kommen. Im Verlauf des Kapitels wurde daher, in Bezug auf die Humanressourcen, immer wieder der Begriff der Kompetenz gebraucht. Sowohl die zugrunde gelegte Ressource-based View als auch die Competence-based View sind in der Unterscheidung hier nicht stringent (vgl. Moldaschl 2007, S. 25), was bereits zeigt, wie eng Humanressourcen und Kompetenzen miteinander verbunden sind. Durch die Integration von Unternehmensstrategie, Organisationsstruktur sowie dem Human Ressourcen Management, wird die Verknüpfung zwischen externen sowie strategischen Veränderungen, mit der strategisch ausgerichteten internen Kompetenzentwicklung, möglich. Weissenberger-Eibl und Kölbl zeigen in ihrer Veröffentlichung, dass die Verankerung des strategisch ausgerichteten Kompetenzmanagements im Human Ressourcen Management daher ein unverzichtbares Erfordernis ist (vgl. Weissenberger-Eibl, Kölbl 2006, S. 353). Das Wissen und die Kompetenzen, als die den Individuen inhärenten Ressourcen, müssen wiederum hinsichtlich ihrer gegenwärtigen und zukünftigen Notwendigkeit bei der Strategieformulierung Berücksichtigung finden (vgl. Weissenberger-Eibl 2000).

Über eine strategische Ausrichtung des Managements werden die vorhandenen Kompetenzen und Potenziale unternehmensspezifisch kombiniert und in die betriebliche Handlungskompetenz überführt (vgl. Lepak, Snell 2003). Dabei kann die Kompetenzentwicklung, die als Wechselwirkung von Individuen, Unternehmen und Organisationsstrukturen sowohl individuelle wie organisationsumfassende Prozesse beinhaltet (vgl. Freiling 2000, S. 13), als „ein Prozess verstanden werden, in dem die fachliche, methodische und soziale Handlungsfähigkeit sowie die Selbstorganisationsfähigkeit (...) erweitert, umstrukturiert und aktualisiert" wird (Erpenbeck, Sauer 2001, S. 15). Strategisches Kompetenzmanagement nimmt innerhalb der HRM-Instrumente einen herausragenden Stellenwert ein und ist aufgrund der hohen Relevanz für die Verknüpfung der strategischen Veränderungsanforderungen mit den Mitarbeiterkompetenzen die wesentliche Herausforderung des Human Ressourcen Managements (vgl. Meyer-Ferreira, Lombriser 2003, S. 7).

Kontinuierliches Kompetenzmanagement erhöht die Effizienz und Effektivität des Human Ressourcen Managements und steigert, durch die erhöhte Arbeitszufriedenheit der Kompetenzträger, die durch eine gezielte Kompetenzentwicklung zusätzliche Handlungs- und Entscheidungsspielräume gewinnen, deren Leistungsmotivation (vgl. Weissenberger-Eibl, Kölbl 2006, S. 357). Nach Schöni (2001, S. 32) ist das Ziel des Human Ressourcen Managements, bezogen auf das Kompetenzmanagement, die „systematische und erfolgskontrollierte Förderung der Anlagen und Fähigkeiten der Mitarbeiter in aktiver Abstimmung mit ihren eigenen beruflichen Erwartungen, mit den Erfordernissen der Arbeitsaufgaben und mit dem Geschäftsziel des Unternehmens". Diese erste Definition der Aufgaben des strategischen Kompetenzmanagements soll das Kapitel abschließen und zum nächsten Kapitel der Arbeit, bei dem das strategische Kompetenzmanagement im Fokus steht, überleiten.

4.4 Fazit: Paradigmenwechsel des Personalmanagements

Human Ressourcen Management erweitert das klassische Personalmanagement um die Auseinandersetzung mit zukünftigen Herausforderungen und strategischen Überlegungen der Unternehmensführung. Vor allem in wissensbasierten Technologie- und Dienstleistungsunternehmen ermöglicht und sichert das HRM die Umsetzung der Unternehmensstrategie. Aus der „General-Management"-Perspektive ist das Human Ressourcen Management ein strategie- und ergebnisorientiertes Konzept, das alle Führungskräfte einschließt und betrifft und die konsequente Abstimmung von Unternehmens- und Personalstrategie ermöglicht. Gerade Kompetenzmanagement, das ohne die Auseinandersetzung mit aktuellen als auch zukünftig benötigten Mitarbeiterkompetenzen in seiner Funktion stark reduziert wäre, lebt von der Abstimmung mit den strategischen Zielen des Unternehmens. Die strategische Partnerschaft zwischen der Unternehmensleitung, dem Management und dem Personalmanagement ist für Unternehmen erfolgsentscheidend.

Das Human Ressourcen Management begründet und bedingt somit das strategische Kompetenzmanagement im Unternehmen und stellt gleichzeitig entsprechende Kompetenzanforderungen an das Management. Kompetenzmanagement gewinnt durch die Perspektive des Human Ressourcen Managements sozusagen in doppelter Hinsicht an Bedeutung. Im Vordergrund steht, neben der Entwicklung entsprechender Management- und Umsetzungskompetenzen bei allen Führungskräften, aber die Umsetzung der Unternehmensstrategie durch das strategische Kompetenzmanagement.

Hierzu müssen die zum Einsatz kommenden Instrumente bestmöglich aufeinander, aber auch auf die Bedürfnisse der Mitarbeiter sowie auf die bestehende Unternehmens- und Führungskultur abgestimmt sein. Vor dem Hintergrund dieser Herausforderungen stellt das nächste Kapitel das Kompetenzmanagement in den Fokus.

K A P I T E L 5

Kompetenzmanagement

INHALT:

Strategisches Kompetenzmanagement hat mit dem Konzept des Human Ressourcen Management in der Personalarbeit der Unternehmen an Bedeutung gewonnen. Es trägt der Prämisse Rechnung, dass hinter jedem Unternehmenserfolg letztlich Mitarbeiter und Führungskräfte mit ihren Kompetenzen, Potenzialen und ihrer Unternehmensidentifikation stehen. Die qualitative Personalbedarfsplanung hat nicht dic benötigten Qualitäten, um Konzepte, Durchführungsprozesse und Instrumente für die Strategietransformierung in der benötigten Art und Weise bereit zu stellen. Die Anforderungen des strategischen Kompetenzmanagements bedingen dadurch die Auseinandersetzung mit den Ebenen des strategischen, taktischen und operativen Kompetenzmanagements, dass diesen Anforderungen und Herausforderungen besser gerecht werden kann.

Kompetenz, die im Zusammenspiel von Menschen, Gruppen und Organisationen wirksam wird, bedeutet, das Wissen, Erfahrungen und Intuitionen auf konkrete Situationen treffen, die Handeln erfordern. Dieses Handeln entsteht durch die Fähigkeit situationsadäquat zu reagieren und sich selbst zu organisieren. Diesem Kapitel wird die Frage zugrunde gelegt, wie Unternehmen Mitarbeiterkompetenzen systematisch identifizieren, entwickeln, sichern und nutzen können. All diese Bereiche sind Gegenstand des Kompetenzmanagements, das mit seiner Strategieorientierung Gegenstand der folgenden Ausführungen ist.

AUFBAU:

Ausgehend von der historischen Entwicklung des Kompetenzbegriffes wird dieser in den folgenden Unterpunkten in seiner aktuellen Bedeutung und Verwendung im Rahmen des Managementkonzeptes Kompetenzmanagement beleuchtet. Die Darstellungen der Aufgaben und Zielsetzungen führen zu einem konkreten Einsatz in Unternehmen und zeigen auf, welche Bedeutung Kompetenzmanagement hier hat. Im Punkt 3.3 werden Modelle und Anwendungsformen des Kompetenzmanagements aufgeführt. Diese Darstellung kann nur sehr komprimiert und reduziert erfolgen, da eine umfassende Darstellung im Rahmen dieser Arbeit nicht zu leisten und nicht zielführend ist, da das Kompetenzmanagement auch im Folgenden auf einer abstrakteren Ebene und nicht am konkreten Anwendungs- und Umsetzungsbeispiel in einem Unternehmen untersucht wird.

5.1 Entwicklung des Kompetenzbegriffes

Seinen Ursprung hat der Kompetenzbegriff im lateinischen „competencia“ was mit „Zusammenkommen“ oder auch „Zusammentreffen“ übersetzt werden kann (vgl. Behse 1976). Erst im 19. Jahrhundert wurde Kompetenz im Sinne von Zuständigkeit verwendet. 1959 bezeichnet White (S. 317) die Effektivität der Interaktion mit der Umwelt als Kompetenz und führte den Begriff in die Motivationstheorie ein (vgl. Mühlbacher 2007, 70).

Kompetenz als Konzept entstand aus kommunikationswissenschaftlicher Perspektive und geht zurück auf Chomsky (1973), der Sprachkompetenz als universelle, vererbte, modularisierte Fähigkeit zur Aneignung der Sprache definierte (vgl. Weinert 2001, S. 47 f.). McClelland (1973) erhob, aufgrund ausführlicher Befragungen zu Berufsbiographien, unterschiedliche Kompetenzbündel und setze damit einen weiteren wichtigen Meilenstein in der Entwicklung der heutigen

Kompetenzkonzepte. Er hob in seinen Forschungen bereits hervor, dass weder Eignungs- noch Intelligenztests im Rahmen seiner Erkenntnisinteressen ausreichende Ergebnisse lieferten, sondern, dass die Dimension der Kompetenzen hierfür erforderlich ist. Aber erst die Veröffentlichung „The Competenz Manager“ von Boyatzis 1982 ermöglichte die weitere Entwicklung hin zum Managementkonzept (vgl. Sarges, 2002, S. 287).

Die gestiegene Bedeutung der Ressource Mitarbeiter war nun wiederum der Auslöser dafür, dass ab den 1980er Jahren die Bedeutung der Kompetenzkonzepte zunahm und diese weiter ausgebaut wurden. Das Humankapital gewann ab dieser Zeit in neuen Managementstrategien einen wichtigen Stellenwert. „Die Gesamtheit menschlicher Arbeitskraft, ihr Potenzial und dessen Integration in die Unternehmensorganisation“ (Harny 1992, S. 321) wurde zur zentralen Aufgabe von erfolgreichem Management. Wachsende Aufgabengebiete der Mitarbeiter, in immer kürzeren Zeitabständen, veränderte Anforderungen und die daraus resultierenden berufsbegleitenden Lernprozesse, sowie die durch Dezentralisation gestiegene Notwendigkeit der Selbstorganisation, führten zu zahlreichen beraterinduzierten Instrumenten des Kompetenzmanagements (vgl. Gröne, 2004, S. 3-7). Auch die wissenschaftliche Forschung beschäftigte sich seit dieser Zeit, aus unterschiedlichen Perspektiven, verstärkt mit entsprechenden Konzepten (vgl. Erpenbeck, Rosenstiel 2003, S. XXI). Die, ab Mitte der 1990er Jahre intensiviert betriebene europäische Bildungspolitik, brachte im Weiteren wichtige Impulse für die Integration informell erworbener, berufsrelevanter Kompetenzen in diese Konzepte (vgl. Käpplinger, Reutter 2005, S. 9-11).

5.2 Kompetenzmanagement als organisationsübergreifendes Konzept

5.2.1 Definition des Kompetenzbegriffs und des Kompetenzmanagements

Kompetenzmanagement gewinnt noch mehr an Bedeutung, da es von Unternehmen zunehmend als Lösungsmöglichkeit der immer komplexer werdenden externen und internen Rahmenbedingungen gesehen wird (vgl. Bach at al. 2000). Abbildung 5.1 gibt einen Überblick zu den Rahmenbedingungen und Einflussgrößen auf das Kompetenzmanagement. Die Grafik ist an Schäffners (1991, S. 21) Strukturmodell der Vielfältigen Einflussfaktoren angelehnt und überträgt den konzeptionellen Aufbau aus dem betrieblichen Bildungswesen auf das strategische Kompetenzmanagement.

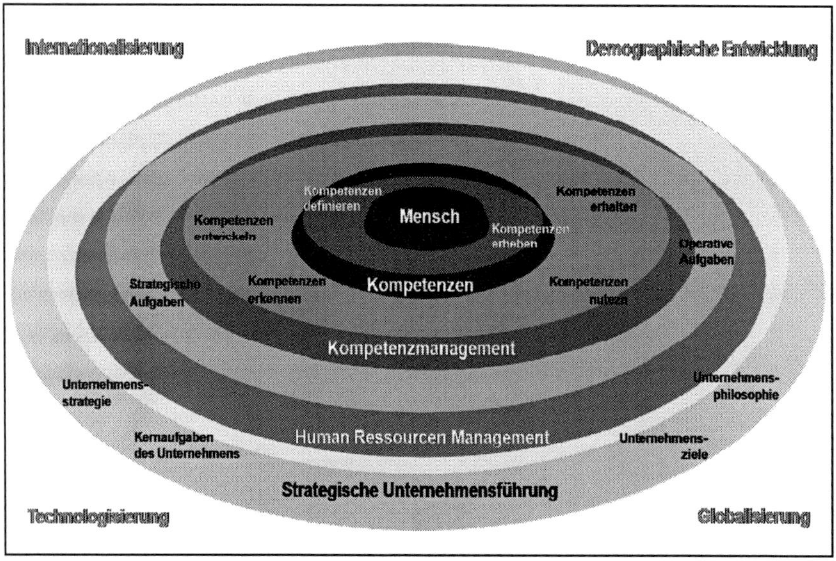

Abbildung 5.1: Strukturmodell des Kompetenzmanagements
(in Anlehnung an Schäffner 1991, S. 21)

Wie in den Ausführungen zum Human Ressourcen Management beschrieben, bildet die strategische Unternehmensführung die Grundlage für das HRM und jede strategische Ausrichtung des Kompetenzmanagements. Im Zentrum des Kompetenzmanagements steht der Mensch bzw. Mitarbeiter mit seinen Kompetenzen und Potenzialen, die es zu identifizieren, zu entwickeln und zu sichern gilt.

Während der Fokus in der wissenschaftlichen Literatur meist beim individuellen und organisationalen Lernen, bei der Nutzung und dem Transfer von Kompetenzen, sowie deren Entwicklung liegt, versuchen praxisbezogene Modelle Unternehmenskomplexität besser steuer- und kontrollierbar zu machen (vgl. Reinhardt 2007, S. 32). Die Definition von Kompetenzmanagement jedoch gestaltet sich schwierig, da sich bisher keine einheitliche Terminologie etablieren konnte und es auch kein übergreifendes Grundlagenmodell gibt, an dem sich die unterschiedlichen Ansätze orientieren würden oder könnten. Ein Grund hierfür ist, neben der Differenz zwischen Wissenschaft und Praxis, die zweigeteilte Sicht auf das Kompetenzmanagement, das genauso Gegenstand der Kognitionswissenschaften wie der Organisationswissenschaft ist.

North und Reinhardt (2005, S. 29) geben dennoch eine Antwort auf die Definitionsfrage und leiten aus der Abgrenzung des Kompetenzbegriffs durch die Notwendigkeit Wissen in Handlung umzusetzen folgende Definition ab: „Kompetenz ist die Fähigkeit, situationsadäquat zu handeln. Kompetenz beschreibt die Relation, zwischen den, an eine Person oder Gruppe herangetragenen oder selbst gestalteten Anforderungen und ihren Fähigkeiten bzw. Potenzialen mit dem Ziel, diesen Anforderungen gerecht zu werden.“ (vgl. Reinhart und North 2003, zit. nach Reinhardt und North 2005, S. 29). Erpenbeck und Rosenstiel verdichten diese Auslegung des Kompetenzbegriffes durch die Definition von Kompetenzen als Disposition selbstorganisierten Handelns. Hierzu zählen alle, dem physisch und geistig selbstorganisiert Handelnden zuzuschreibende, beobachtbare Verhaltensweisen (vgl. Erpenbeck, Rosenstiel 2003, XI). Dieses Verständnis von Kompetenzen ist die Basis für Kompetenzmanagement und soll auch dieser Arbeit zugrunde gelegt werden.

Kompetenzmanagement ermöglicht es Unternehmen aktiv den eigenen Kompetenzbestand der Mitarbeiter zu steuern und zu lenken. Gerade in wissensbasierten Unternehmen, deren wichtigste Ressource das Wissen, die Kenntnisse und Fähigkeiten der Mitarbeiter sind, geht dieser Prozess über das traditionelle Verständnis von Aus- und Weiterbildung hinaus in dem Lernen, Selbstorganisation, Nutzung und Vermarktung der Kompetenzen integriert werden. Kompetenzmanagement ist eine Managementdisziplin mit der Aufgabe, Kompetenzen zu beschreiben, transparent zu machen sowie den Transfer, die Nutzung und Entwicklung der Kompetenzen, orientiert an den persönlichen Zielen des Mitarbeiters sowie den Zielen der Unternehmung, sicherzustellen (vgl. North, Reinhardt 2005, S. 9-64).

Die Modelle der Kognitionswissenschaften haben den lernorientierten Ansatz des Kompetenzmanagement geprägt, der sich mit der Nutzung der Mitarbeiterkompetenzen und mit individuellem sowie organisationalem Lernen beschäftigt. Die Organisationswissenschaft dagegen favorisiert die ressourcenorientierte Sicht, die den Ausbau und Erhalt der Kernkompetenzen des Unternehmens in den Mittelpunkt stellt (vgl. North, Reinhardt 2005; Mildenberg 2002; Probst et al 2000).

Während soziologische und psychologische Kompetenzmodelle zumeist die Klassifizierung und Beschreibung individueller sowie kollektiver Kompetenzarten und Lernprozesse im Fokus haben (vgl. Erpenbeck, Heyse 1999), beschäftigen sich organisationswissenschaftliche Modelle überwiegend mit dem strategischen Aufbau und der Aggregation von Kompetenzen. Durch diese zweigeteilte Sichtweise ist eine Vielzahl an Begriffen und Konzepten entstanden, denen aufgrund der mangelnden interdisziplinären Verknüpfung kein homogenes Verständnis zugrund liegt.

Daneben bestehen zahlreiche Versuche der Entwicklung einer integrierten Sichtweise, die individuelle und organisationale Prozesse miteinander verbindet (vgl. North, Reinhardt 2005, 17-18). Reinhardts (2007) Modell des integrativen Kompetenzmanagements ist zur Veranschaulichung in Abbildung 5.2 auf der nächsten Seite dargestellt. Es enthält ein elementares Beispiel für das Nebeneinander grundlegender Annahmen. Wie auch im integrierten Ansatz von Reinhardt angewandt, besteht in vielen Modellen die Tendenz die Unterteilung von Kompetenzen in fachliche, methodische und soziale Bereiche vorzunehmen.

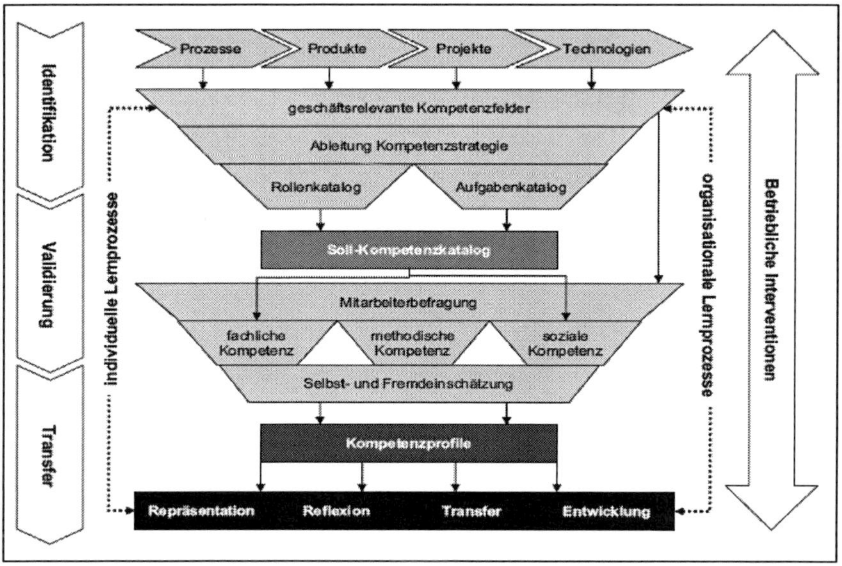

Abbildung 5.2: Integratives Kompetenzmanagementmodell
(vgl. Reinhardt, 2007, S. 32)

Das auf vier Kompetenzdimensionen beruhende KODE Modell von Erpenbeck und Heyse dagegen zeigt, dass auch andere Differenzierung denkbar und gängig sind und in der Praxis auf hohe Akzeptanz stoßen. Nicht nur bei Definitionsfragen und dem Prozessmodell des Kompetenzmanagement, sondern auch bei der

Bestimmung der Kompetenzdimensionen besteht demnach ein Nebeneinander unterschiedlicher Ansätze. Bevor jedoch die in Unternehmen zu Einsatz kommenden Kompetenzmanagementmodelle näher beleuchtet werden, sollen in den nächsten Unterpunkten Aufgaben, Ziele und Anwendungsformen dargestellt werden.

5.2.2 Aufgabenfelder und Zielsetzungen des Kompetenzmanagements

Kompetenzmanagement hat das zentrale Ziel Anforderungen des Unternehmens und Fähigkeiten der Mitarbeiter möglichst deckungsgleich zu gestalten und hierdurch die Wettbewerbsfähigkeit des Unternehmens nachhaltig zu sichern und zu verbessern. Dazu werden im Unternehmen aktuelle wie zukünftige Anforderungen erfasst und die Kompetenzen der Mitarbeiter zielgerichtet aus- und aufgebaut. Die Integration zukünftiger Anforderungen ermöglicht damit die strategische, an den Unternehmenszielen orientierte, Ausrichtung des Personalmanagements (vgl. Altmann 2004, 5-7). Um die Perspektiven der Mitarbeiter und der Unternehmen miteinander zu verbinden umfasst Kompetenzmanagement alle Maßnahmen zur anwendungsorientierten und unternehmens-individuellen Identifikation, dem Transfer sowie der Entwicklung von Mitarbeiterkompetenzen. Kompetenzmanagement ist keine institutionalisierte Disziplin, sondern muss von allen Organisationsmitgliedern mitgetragen werden (vgl. North, Reinhardt 2005).

Personaleinsatz und Personalentwicklung können als die beiden grundlegenden Aufgabenfelder des Kompetenzmanagement bezeichnet werden. Beim Einsatz konkreter Kompetenzmanagementinstrumente werden diese beiden Aufgabenfelder häufig miteinander vermischt. Durch effizientes Kompetenzmanagement wird die Transparenz und Steuerung der derzeitigen und zukünftigen Kompetenzen im Unternehmen erreicht, was die Stellenbesetzung erleichtert und den Personaleinsatz optimiert. Konkrete Umsetzungsmaßnahmen, wie die zielorientierte Entwicklungs- und Nachfolgeplanung, machen, ebenso wie die Steigerung der Mitarbeitermotivation, den Nutzen, den Kompetenzmanagement für Unternehmen bringt, direkt greifbar (vgl. Altmann 2004; North, Reinhardt 2005; Biesalski 2006).

North und Reinhardt (2005) definieren vier Aufgaben des Kompetenzmanagement, die alle Aspekte der vorangegangenen Ausführungen zusammenfassen. Zu den Aufgaben zählen sie an erster Stelle die strukturierte Analyse des Kompetenzbestandes. Die Überprüfung der Kompetenzbestände im Unternehmen, sowie die Ableitung von Maßnahmen zur Verbesserung, stellen die zweite Aufgabendimension dar und ergänzen die zielgerichtete Bestandsaufnahmen durch eine Bewertung. Die Verteilung der Kompetenzen innerhalb der gesamten Organisation sichert als dritte Aufgabe die Verfügbarkeit der Kompetenzbestände. Die vierte Aufgabe ist durch das Erfordernis der Anpassung der Kompetenzen unter Berücksichtigung der zukünftigen Anforderungen sowie vorhandenen Potenziale begründet und verbessert nicht nur die organisationalen sondern auch die personellen Lernprozesse (vgl. North, Reinhardt 2005, S. 15-17).

Strategisches Kompetenzmanagement kann somit auch als Voraussetzung für die Nachhaltigkeit von Veränderungsprozessen gesehen werden. Kompetenzanpassungen werden hierdurch von der Gefahr befreit, zum Selbstzweck zu geraten und dem in der Praxis immer wieder anzutreffenden Trend, Mitarbeiterkompetenzen aufgrund wahlloser Personalentwicklungsmaßnahmen, die einer reflektierten oder gar strategischen Grundlage entbehren, zu überlassen (vgl. Schäffner 2002, S. 303 ff.). Das im nächsten Teilkapitel dargestellte integrierte Kompetenzmanagementmodell erfüllt viele der, von Schäffner aufgeführten Kriterien für eine Nachhaltigkeit, die den Unternehmenserfolg sichert.

5.3 Modelle und Anwendungsformen des Kompetenzmanagements in Unternehmen

5.3.1 Kreislaufmodell und integriertes Kompetenzmanagement

Die Herausforderung für die Anwendung und Umsetzung des Kompetenzmanagement in Unternehmen besteht nicht nur in der Integration der unternehmens- und mitarbeiterbezogenen Sichtweise, sondern auch in der Verknüpfung der verschiedenen Ebenen. Ohne die Implementierung eines kontinuierlichen und stetigen Prozesses, der auch eine Erfolgskontrolle und Aktualisierung der Anforderungen enthält, kann Kompetenzmanagement die gesetzten Ziele nicht erreichen.

Vor diesem Hintergrund wurden für die Umsetzung von Kompetenzmanagement in Unternehmen verschiedene Kreislaufmodelle wie beispielsweise das von Altmann (2005, S. 9) entwickelt. Dieses Modell differenziert nicht zwischen verschiedenen Ebenen und ordnet von der Unternehmensstrategie über die Definition der Anforderungen und deren Abgleich mit den Kompetenzen der Mitarbeiter bis hin zu Entwicklungsmaßnahmen und Erfolgskontrolle alle Einzelmaßnahmen in einen chronologischen Kreislauf an. Nach der Erfolgskontrolle beginnt der Kreis mit der Einbeziehung der Unternehmensstrategie neu und führt so zu einem stetigen Prozess im Unternehmen.

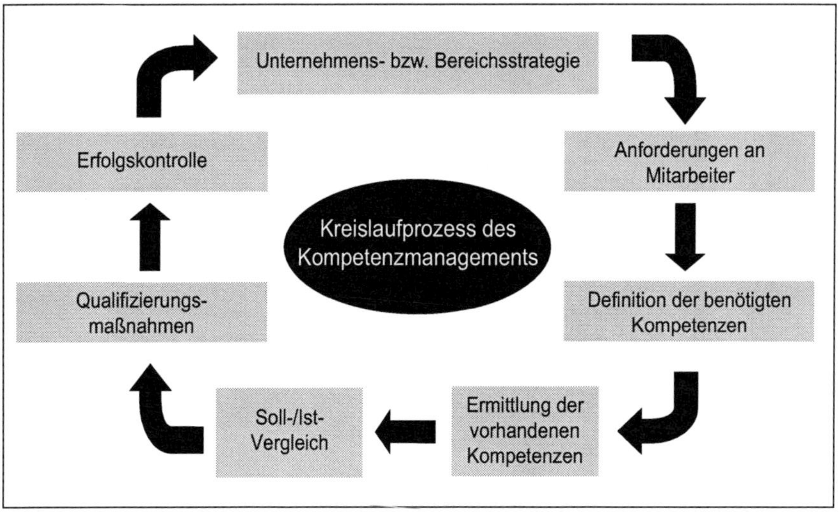

Abbildung 5.3: Der Kreislaufprozess des Kompetenzmanagements
(Altmann, 2005, S. 9)

Die verschiedenen Ebenen und in gewisser Weise auch die Mitarbeiter bzw. unternehmensbezogene Sichtweise des Kompetenzmanagement sind in einer Weiterentwicklung von Kunzmanns (2005, S. 88) Prozessmodell für kompetenzorientierte Personalentwicklung in Abbildung 5.4 integrativ dargestellt. Das einfache Kreislaufmodell wird hier in die verschiedenen Ebenen aufgegliedert und mit seinen Interdependenzen zwischen diesen Ebenen abgebildet.

Auf der strategischen Ebene stehen dabei die globalen Unternehmensziele. Deren Umsetzung in unternehmensindividuelle Kernkompetenzen erfolgt im ersten Schritt auf einem abstrakten Niveau, das auf der taktischen Ebenen der Personalplanung durch die Formulierung konkreter Anforderungsprofile und der Erstellung eines Kompetenzkatalogs konkretisiert wird. Auf dieser nächsten Ebene werden die Kernkompetenzen operationalisiert und mit Geschäftsprozessen und anderen Elementen der Organisation in Form von Anforderungen in Beziehung gesetzt.

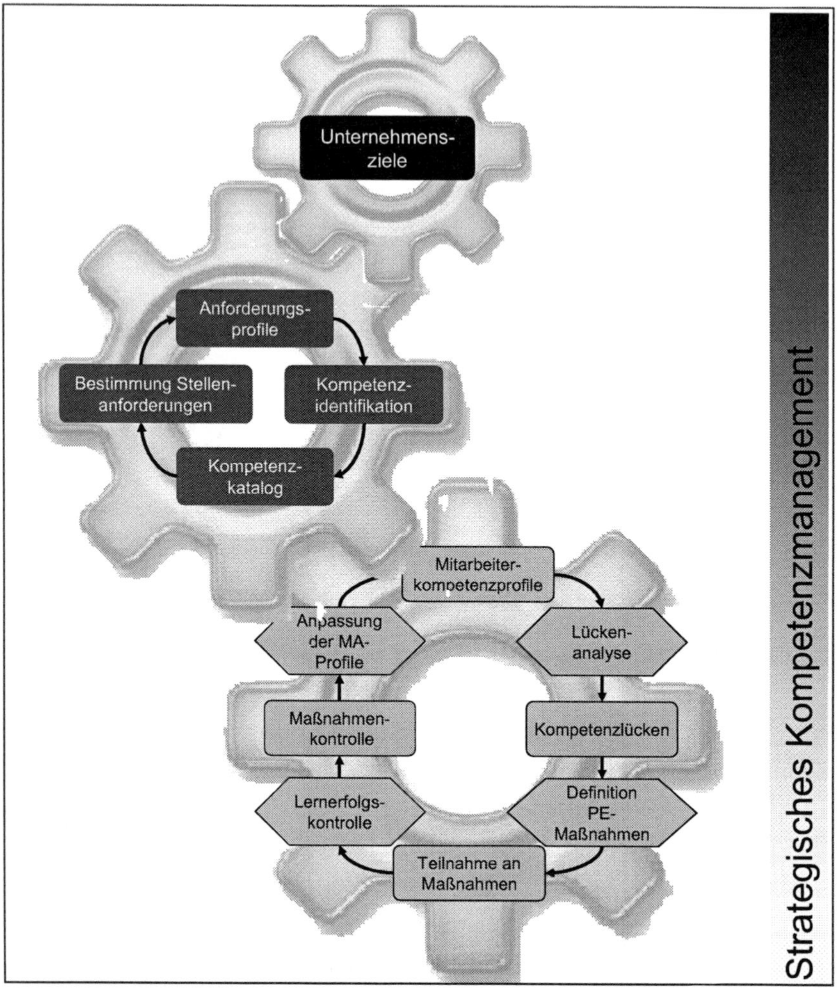

Abbildung 5.4: Prozessmodell des strategischen Kompetenzmanagements

Zu ermitteln welche Mitarbeiterkompetenzen benötigt werden, um die Kernkompetenzen des Unternehmens zu realisieren und die Erreichung der Unternehmensziele sicher zu stellen, ist die Zielsetzung, die dann auch mit der Identifikation von Kompetenzen und der Erhebung der Stellenprofile verfolgt wird.

Auf der operativen Ebene werden auf Grundlage der Kompetenzdiagnose und –messung individuelle Mitarbeiterkompetenzen erfasst und nach einer Kompetenzlückenanalyse gezielt auf- und ausgebaut. Auch die Umsetzung der Personalentwicklungsmaßnahmen sowie deren Kontrolle und die Initiierung informeller Lernsettings gehören in den mitarbeiterbezogenen Teil des integrierten Kompetenzmanagements.

5.3.2 Kompetenzmanagementsysteme in Unternehmen

Mühlbacher (2007) gibt einen fundierten Überblick über die unterschiedlichen Kompetenzmanagementmodelle und ihren Einsatz in der Praxis. Er geht dabei chronologisch vor und beginnt seine Darstellung mit Boyatzis (1982) Konzept „The Competent Manager", das bereits im Teilkapitel über die Entwicklung des Kompetenzbegriffs angesprochen wurde. Die von Mühlbacher gewählte chronologische Darstellung der Kompetenzmanagementmodelle soll für dieses Teilkapitel als Anlehnung dienen, da somit der Nutzen und die Herausforderungen, die der zunehmende Einsatz von Kompetenzmanagementmodellen in der Praxis mit sich brachte, gut dargestellt werden können.

Das Konzept von Boyatzis (1982) ist für die Anwendung im Unternehmen besonders hervorzuheben, da hiervon ausgehend in den nächsten Jahren das Assessment Center, sowohl als Instrument der Personalauswahl wie auch der Personalentwicklung, seinen Siegeszug in der Unternehmenspraxis hatte. Hierbei blieb die strategische Sichtweise weitgehend außen vor und eine Ausdifferenzierung fand lediglich durch immer neue Kompetenzlisten statt. Das Kernkompetenzmodell von Prahalad und Hamel (1990) stellt dagegen den strategischen Aspekt in den Fokus. Hier werden die im Unternehmen vorhandenen Kompetenzen als Wurzel der Wettbewerbsfähigkeit verstanden und es wird ein Zusammenhang zwischen Kompetenzmanagement und strategischer Organisationsentwicklung hergestellt. Prahalad und Hamel waren somit die Begründer des strategieorientierten Kompetenzansatzes. Leonard-Barton (1992) entwickelte einen hierauf aufbauenden breiteren Kompetenzansatz, der Kernkompetenzen als vierdimensionale Wissensbasis im Unternehmen definiert. Die Verknüpfung von Unternehmensstrategie und Kompetenzmanagement gestaltet sich für die Praxis allerdings weiter schwierig, da auch in dem Modell von Leonard-Barton erhebliche Mängel, wie eine ausgeprägte Vergangenheitsorientierung und eine mangelnde Flexibilität für die Einbeziehung organisationaler Veränderungsprozesse, den Nutzen begrenzen.

Gegen Ende der 1990er Jahre entstand der Trend Kompetenzmanagement durch eine spezifische Anpassung der Kompetenzlisten auf einzelne Unternehmen zuzuschneiden. Dabei ging es auch darum die Passgenauigkeit von Mitarbeiterprofil und der Kultur des Unternehmens sicher zu stellen. Woodruffe (2003, S. 101) gibt einen Überblick über unternehmensspezifische Kompetenzlisten und zeigt dabei auch, dass dies zu Mängeln im Bereich der Transparenz und Operationalisierbarkeit führte. Woodruff identifizierte von der Schnittmenge der analysierten Kompetenzlisten ausgehend Kompetenzkernbereiche zu denen er folgende Gebiete zählt: analytisches und strategisches Denken, Leistungsorientierung, Kommunikations- und Teamfähigkeit sowie Führungsfähigkeit. Um die Einbindung weiterer für das Unternehmen oder eine bestimmte Funktion relevanter Kompetenzkategorien zu optimieren erstellte Woodruffe (1993, 31 ff.) sieben Grundregeln zur Erstellung eindeutiger, beobachtbarer, zukunftsorientierter und verständlicher Kompetenzen.

Im Rahmen dieser Arbeit kann nicht auf alle bekannten Modelle eingegangen werden, die durch ihren Einsatz in Unternehmen die Entwicklung des Kompetenzmanagements geprägt haben. Die Kompetenzstrategie nach McCall (1998) soll noch angeführt sein, denn McCall führte die situative Komponente als Einflussgröße ein. Sein Modell ist nicht mehr an Standards grundlegender Managementkompetenzen verankert, sondern ermöglicht und fördert praxisnahes Erfahrungslernen und die kontinuierliche Reaktion auf dynamische Umweltveränderungen (McCall, 1998, S. 90).

Diese situative Komponente kennzeichnet auch den Kompetenzatlas von Heyse und Erpenbeck (2004), der als Kompetenzkategorisierung eine umfassende Basis für Personalentscheidungen und Entwicklungsmaßnahmen liefert. Der hier zugrunde gelegte Kompetenzbegriff stellt die Fähigkeit selbstorganisiert zu denken und zu handeln in den Vordergrund und das hierauf aufbauende Modell KODE bzw. KODE-X ist sowohl in der Literatur wie auch in der Praxis als bisher nicht erreichter Standart und richtungweisend (vgl. Mühlbacher 2007, 125-129).

Heyse und Erpenbeck differenzieren vier Kompetenzbereiche, die mit fachlich-methodisch, aktivitätsbezogen, sozial-kommunikativ und personal umschrieben werden. Diese Basiskompetenzen sind für Kompetenzforschern wie Beratern heute annähernd verbindlich (vgl. Mühlbacher 2007, 25). Einige Kompetenzmodelle trennen allerdings fachliche und methodische Kompetenzen und sehen die Aktionskompetenz als das Ergebnis des Einsatzes aller Kompetenzen an (vgl. Altmann 2004, S. 11). Heyse und Erpenbeck ist es ausgehend von 300 kompetenzerfassenden Begriffe gelungen, ein Kompetenzmodell zu entwickeln, dessen Kompetenzatlas 64 Kompetenzen umfasst und dabei auch die Überlappungen zwischen den Basiskompetenzen berücksichtigt. Abbildung 5.5 verdeutlicht diese Modell und zeigt auch die Zuordnung zu den vier Kompetenzbereichen.

„Kompetenzen kann man nicht lernen, so wie man das Einmalseins oder die Differentialrechung oder die Abfolge historischer Ereignisse lernt. Das hängt damit zusammen, dass Kompetenzen von Werten fundiert und von Erfahrungen konsolidiert werden. Werte kann man aber nur selbst verinnerlichen, Erfahrungen nur selbst machen“ (Heyse, Erpenbeck, 2004, S. XX).

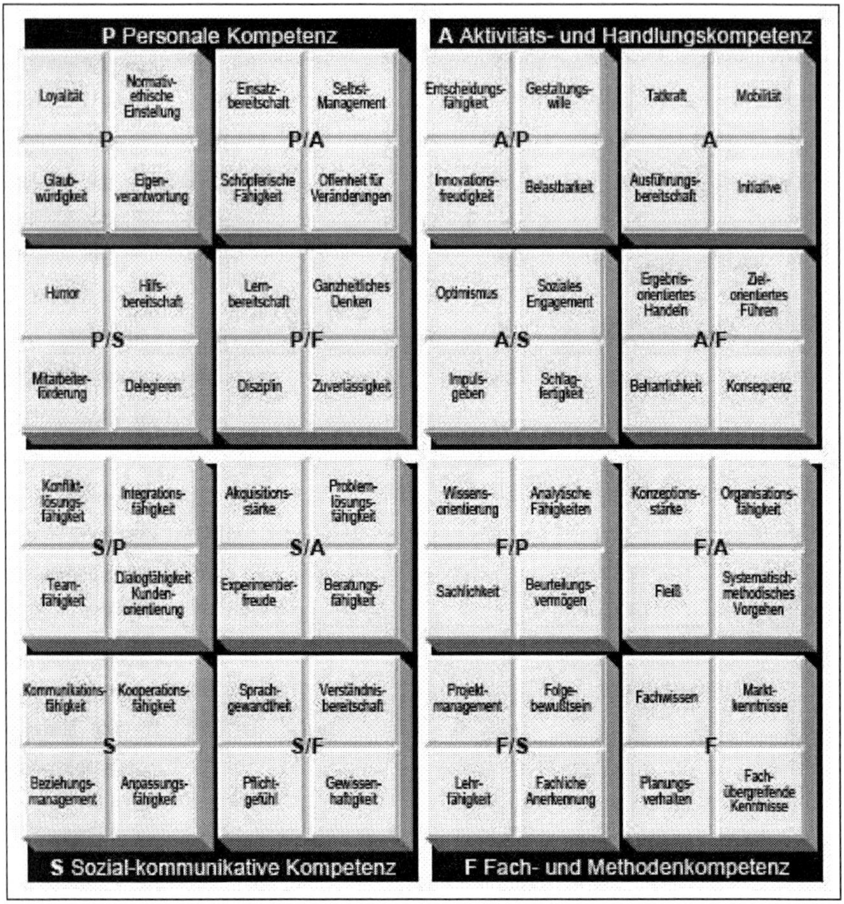

Abbildung 5.5: Kompetenzatlas als Ausgangsraster des Kompetenzmanagements
(vgl. Heyse; Erpenbeck, 2004, S XXI)

Durch diese Beschreibung wird offensichtlich warum Kompetenzmanagement zahlreiche Herausforderungen mit sich bringt und in Unternehmen weit mehr als ein gesteuerter Optimierungsprozess ist. Dazu kommt, dass nur ein Modell, das wie KODE managementorientiert angelegt ist und die Sichtweisen von Personalentwicklern und dem Management verbindet, im Unternehmen erfolgreich sein kann.

Für einen erfolgreichen Kompetenzmanagementprozess im Unternehmen ist weiter die Gestaltung der in Abbildung 5.4 dargestellten operativen Ebenen bzw. deren Umsetzung wichtig. Um zu verdeutlichen, dass für diese Umsetzung die Instrumente des Human Ressourcen und Kompetenzmanagement kombiniert eingesetzt werden müssen und durch die zentrale Abstimmung das Kompetenzmanagementsystem ausmachen, gibt Abbildung 5.6 einen entsprechenden Überblick.

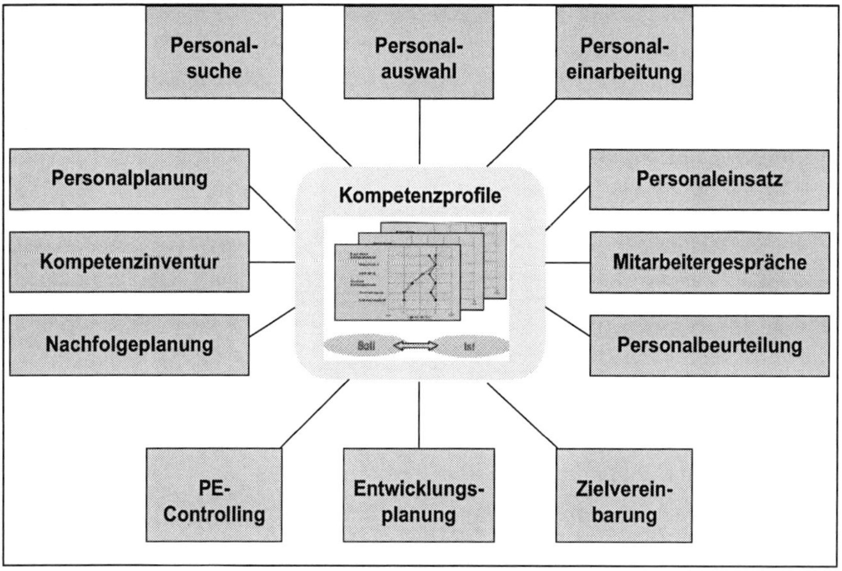

Abbildung 5.6: Kompetenzprofil als Koordinationsinstrument

Im Rahmen dieser Arbeit ist eine weitergehende Vertiefung einzelner operativer Maßnahmen nicht sinnvoll, da das Kompetenzmanagement im Kontext des Human Ressourcen Management auf einer darüberstehenden Ebenen dargestellt und untersucht werden soll.

5.4 Fazit: Kompetenzmanagement sichert Unternehmenserfolg

Der Fokus bisheriger Kompetenzmanagementmodelle lag vielfach beim individuellen und organisationalen Lernen und setzte damit den lernorientierten Ansatz in den Unternehmen um. Hierbei stehen die Mitarbeiter als Träger der Kompetenzen im Mittelpunkt und Kompetenzen sind als Voraussetzung der Selbstdisposition charakterisiert. Wie in diesem Kapitel ersichtlich wurde, umfasst Kompetenzmanagement neben den Aspekten der operativen Ebenen, als integriertes Managementmodell und mit der damit verbundenen strategieorientierung weit mehr Aufgaben. Strategisches Kompetenzmanagement kann durch die Bereitstellung und Sicherung der Kernkompetenzen des Unternehmens dessen Erfolg nachhaltig beeinflussen.

Der ressourcenorientierte Ansatz des Kompetenzmanagements stellt neben individuellen und organisationalen Lernprozessen die Nutzung der Kompetenzen und Potenziale der Mitarbeiter aus Unternehmenssicht in den Fokus und erweitert so das klassische Kompetenzmanagement. Ziel ist es durch die frühzeitige Potenzialentwicklung und die strategische Ressourcenakkumulation die Wettbewerbsfähigkeit des Unternehmens zu sichern und zu erhöhen. Die kurze Darstellung der vielfältigen Instrumente, die bei der Umsetzung eines Kompetenzmanagementsystems zum Einsatz kommen, hat gezeigt, dass neben der zentralen Koordination des Kompetenzmanagementprozesses die Abstimmung der Instrumente und deren mitarbeiterorientierte Umsetzung für den Erfolg ausschlaggebend sind.

Wie auch bei der, in Kapitel 4 dargestellten Prozessgestaltung der Human Ressourcen Strategie, muss das Kompetenzmanagement mit allen damit verbundenen Einzelmaßnahmen und Instrumenten einen solchen Abstimmungsprozess umfassen. Durch die Einbettung des Kompetenzmanagement in das

Human Ressourcen Management wird diese Abstimmung und die Verknüpfung mit der Unternehmensstrategie erleichtert und verbessert. Die Unternehmensstrategie findet über die Unternehmensziele Niederschlag im Kompetenzkatalog oder -atlas, wodurch die Gegenüberstellung von Ist- und Sollprofilen und der hieraus abgeleitete Kompetenzprozess ermöglicht wird.

KAPITEL 6

Empirische Untersuchung der Forschungsfrage

INHALT:

Nach dem vorangegangenen Theorieteil steht in diesem Kapitel die Sichtweise der betrieblichen Praxis in den Unternehmen im Mittelpunkt. Aufgrund der durch eine breit angelegte schriftliche Befragung und einzelnen Interviews gewonnenen Daten, Aussagen und Ergebnisse wird der Gegenstand der Arbeit, Kompetenzmanagement als Herausforderung des Human Ressourcen Management unter besonderer Berücksichtigung der Mitarbeiter in der zweiten Berufslebenshälfte untersucht. Dabei steht das Bemühen im Vordergrund nicht nur Besonderheiten und Herausforderungen von Kompetenzmanagementkonzepten herauszuarbeiten, sondern auch die Unterschiede zwischen jüngeren Arbeitnehmern und Mitarbeitern in der zweiten Berufslebenshälfte detailliert zu ermitteln. Die hier generierten Ergebnisse sind Grundlage für die Gesamtergebnisse sowie Gestaltungs- und Handlungsempfehlungen im letzen Kapitel der Arbeit.

AUFBAU:

Zu Beginn des Kapitels wird der Wirtschaftsraum der IHK-Regensburg vorgestellt, da dieser Gegenstand der Befragungen war. Nach der Darstellung der vorab durchgeführten Befragungen, die zur eigentlichen Fragestellung dieser Arbeit geführt haben, werden die Hauptuntersuchung sowie deren Ergebnisse beschrieben. Wie in Abbildung 6.1, zu sehen, bauten hierauf die vertiefenden Interviews auf, deren Inhalte und Ergebnisse ergänzend zu den Befragungsergebnissen vorgestellt werden.

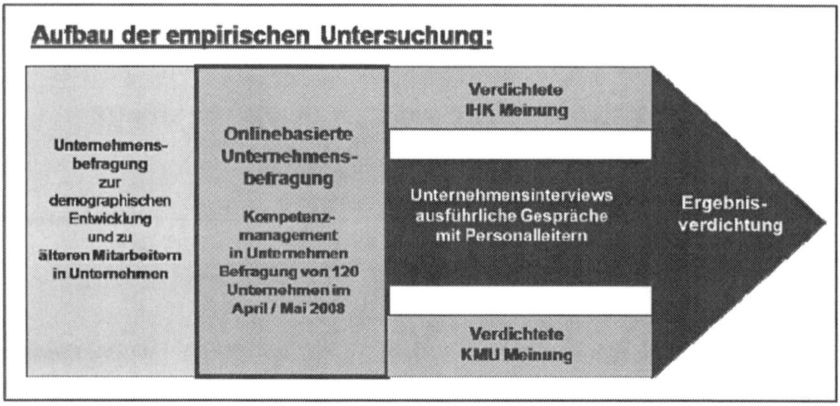

Abbildung 6.1: Aufbau des empirischen Teils der Arbeit

6.1 Der Untersuchungsraum und die Grundgesamtheit

6.1.1 Zahlen, Daten und Fakten

Bevor die im Rahmen dieser Arbeit durchgeführte Untersuchung dargestellt und interpretiert werden kann, soll der Wirtschaftsraum sowie die Voraussetzungen der Untersuchung beschrieben werden. Alle folgenden Befragungen und Interviews wurden im Bezirk der IHK Regensburg durchgeführt. Die Karte in Abbildung 6.1 zeigt die Lage des IHK-Bezirks Regensburg, der sich im Osten Bayerns befindet. Der Wirtschaftsraum der fünftgrößten Flächenkammer Deutschlands setzt sich aus der Region Oberpfalz und dem Landkreis Kelheim zusammen. Abbildung 6.2 zeigt die elf Stadt- und Landkreise, die zum Kammergebiet zählen und in Summe 15 Prozent der Fläche Bayerns ausmachen. 10 Prozent der bayerischen Bevölkerung und 9 Prozent der in Bayern Beschäftigten gehören zu diesem Gebiet, das 8 Prozent des bayerischen Bruttoinlandsprodukts erwirtschaftet.

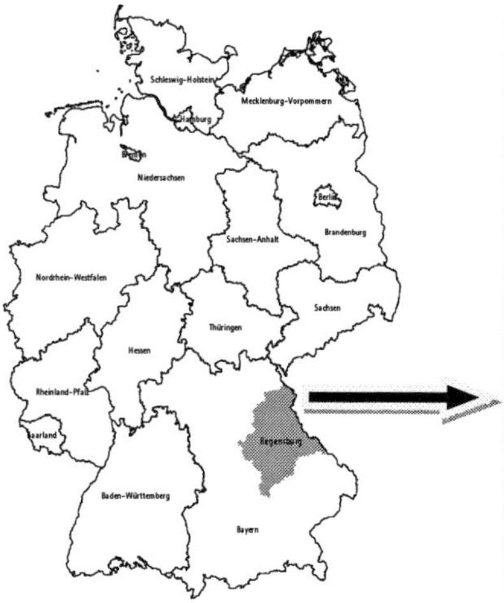

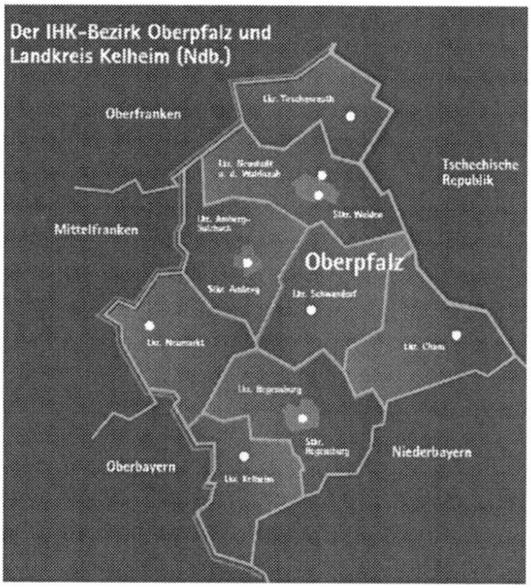

Abbildung 6.2a:
Lage des IHK-Bezirks in Deutschland
(Quelle: Zahlenspiegel 2007 IHK Regensburg)

Abbildung 6.2b:
Der IHK-Bezirk Regensburg
(Quelle: Zahlenspiegel 2007 IHK Regensburg)

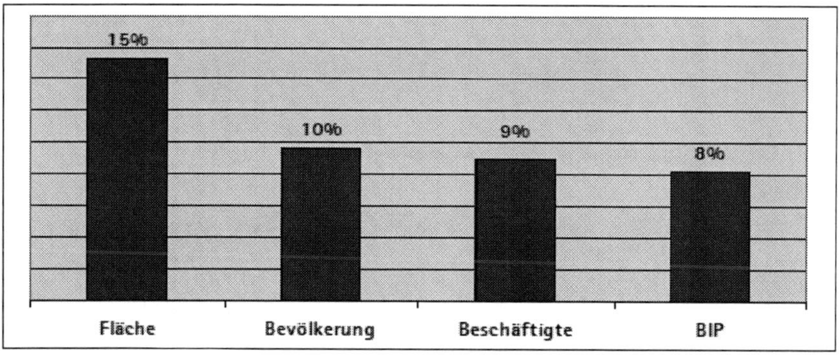

Abbildung 6.3: Anteil des IHK-Bezirks Regensburg in Bayern in Prozent
(Quelle: Zahlenspiegel 2007 IHK Regensburg)

Innerhalb des IHK-Bezirks verteilt sich die Bruttowertschöpfung gemäß der Daten des Zahlenspiegels der IHK Regensburg, wie in Abbildung 6.4 dargestellt.

Regensburg. stellt mit dem Landkreis zusammen über 35 Prozent der Bruttowertschöpfung. Mit dem Landkreis zusammen stellt Regensburg über 35 Prozent der Bruttowertschöpfung. Schwandorf, Neumarkt und Cham liefern einen Anteil von jeweils ca. 10 Prozent. Das Schlusslicht bildet, mit ca. 5 Prozent, Tirschenreuth als nördlichster Bereich des Bezirks.

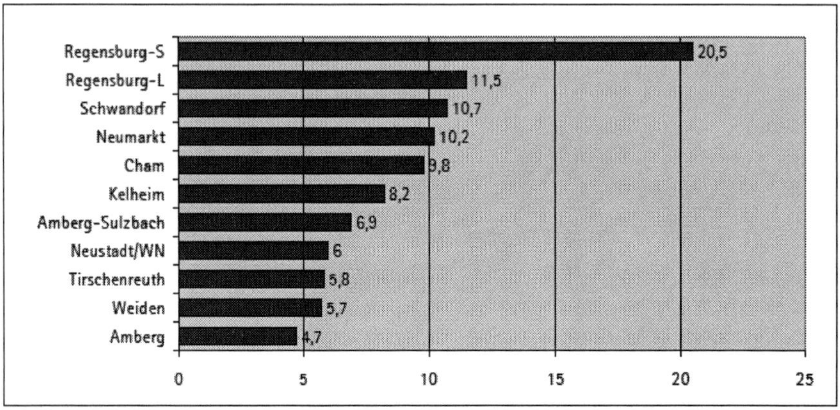

Abbildung 6.4: Anteil der Regionen an der Bruttowertschöpfung des IHK-Bezirks in Prozent (Quelle: Zahlenspiegel 2007 IHK Regensburg)

Im IHK-Bezirk sind 390.066 Personen sozialversicherungspflichtig beschäftigt. 36,5 Prozent gehören dem verarbeitenden Gewerbe an, 21,1 Prozent sind in Handel, Tourismus und Verkehr beschäftigt und weitere 34,9 Prozent in sonstigen Dienstleistungen. Abbildung 6.5 zeigt die Verteilung der Struktur der Beschäftigten im IHK-Bezirk im Vergleich zu den bayerischen Durchschnittswerten. 15.976 der IHK Regensburg zugehörigen Unternehmen sind eingetragene Firmen im Handelsregister.

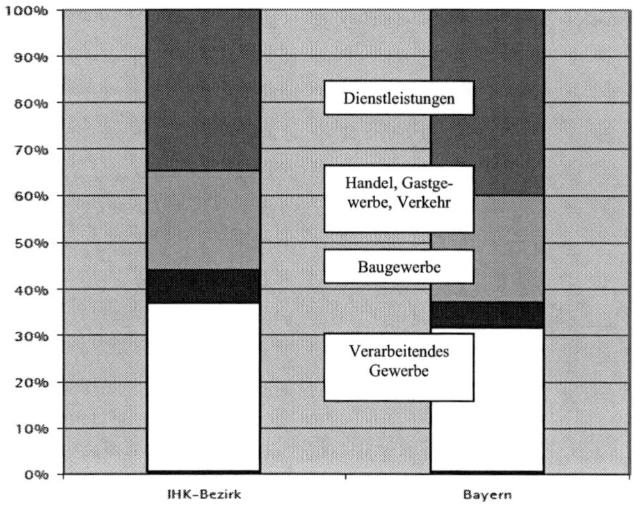

Abbildung 6.5: Sozialversicherungspflichtige Beschäftigte nach Sektoren
(Quelle: Zahlenspiegel 2007 IHK Regensburg)

Betrachtet man die Verteilung der IHK zugehörigen Unternehmen auf die einzelnen Regionen, zeigt sich das in Abbildung 6.6 dargestellte Bild, in dem, wie auch zuvor bei der Verteilung der Bruttowertschöpfung, Regensburg Stadt und Land den größten Anteil haben.

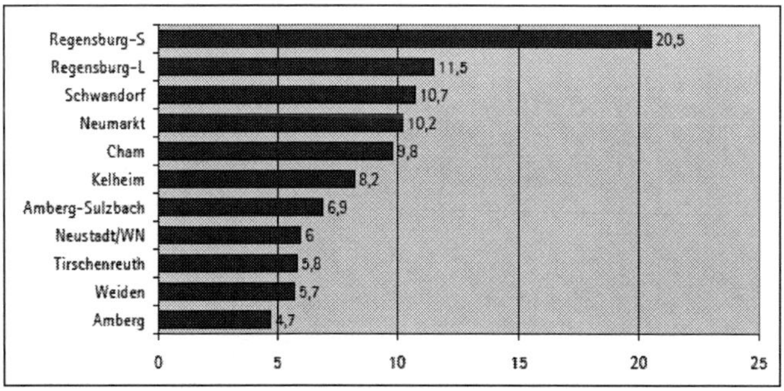

Abbildung 6.6: Anteil der Regionen an den IHK zugehörigen Unternehmen in Prozent
(Quelle: Zahlenspiegel 2007 IHK Regensburg)

Die Gegenüberstellung der bayerischen Zahlen zeigt, dass die Wirtschaftsstruktur des IHK-Bezirks Regensburg leicht von den landesweiten Durchschnittswerten abweicht, da der Anteil des verarbeitenden Gewerbes zulasten des Dienstleistungsbereiches etwas höher liegt. Grundsätzlich kann aber davon ausgegangen werden, dass die Struktur des Wirtschaftsraumes, und damit die Grundgesamtheit der empirischen Untersuchungen, repräsentativ auch für andere Wirtschaftsräume stehen könnte. Somit ist anzunehmen, dass auf dieser Datenbasis generierte Aussagen durchaus auf andere Regionen übertragbar sind und im Bereich der Interpretation generalisiert werden können.

6.1.2 Situation der Unternehmen und Entwicklung des Personalbedarfs

Für die Beschreibung des Untersuchungsraumes sind nicht nur die Zahlen, Daten und Fakten interessant, sondern auch die Situation der Unternehmen im Wirtschaftsraum. Noch bevor die Fragestellung der vorliegenden Arbeit konkretisiert wurde, sollte eine breit angelegte Untersuchung zeigen, inwieweit grundsätzliche Trends die Unternehmen im ausgewählten Wirtschaftsraum betreffen. Hierzu wurden 1200 Unternehmen im Herbst 2005 in einer breit angelegten schriftlichen Befragung angeschrieben. Der Rücklauf lag mit über 25 Prozent weit über den Erwartungen und üblichen Werten und zeigt das Interesse der Unternehmen an Unternehmensführungs- und Personalthemen.

In einer der ersten Fragen wurden die Unternehmen um Angaben zur Qualifikationsstruktur in ihrer Firma gebeten. Der obere Balken in Abbildung 6.7 zeigt die aktuelle Verteilung, bei der die Mitarbeitergruppe mit Berufsabschluss im Durchschnitt 45 Prozent ausmacht und somit den Hauptanteil darstellt. Um nicht nur eine Aussage zur aktuellen Situation zu bekommen, wurden die Unternehmen auch zur Personalplanung und Ihrem Personalbedarf befragt. Die Ergebnisse dieser Frage sind im unteren Balken der Grafik dargestellt. Die Gegenüberstellung mit den Daten zum Personalbestand zeigt, dass von den Unternehmen der höhere Berufsabschluss bereits verstärkt nachgefragt wird. Der Anteil der Mitarbeiter mit Hochschulausbildung steigt, wie auch der Anteil der Meister, Techniker und Fachwirte, deutlich an. Der Bedarf an Mitarbeitern mit Berufsausbildung und weiterreichenden Zusatzqualifikationen nimmt um 10 Prozent zu, wogegen der Anteil der Mitarbeiter, die ausschließlich über eine Berufsausbildung verfügen, entsprechend rückläufig ist.

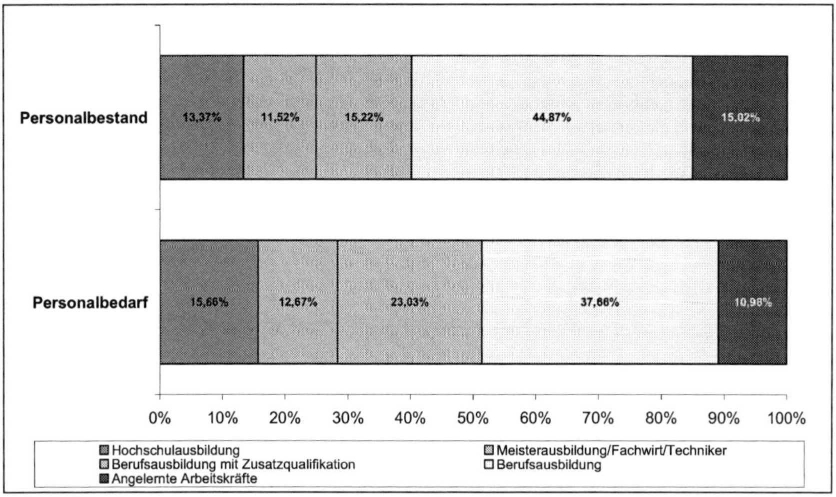

Abbildung 6.7: Entwicklung des Qualifikationsniveaus

Der Wirtschaftsraum der IHK-Regensburg weist somit einen deutlichen Trend zur Höherqualifizierung auf. Dieser Trend ist auf den gestiegenen Wettbewerbsdruck und den damit verbundenen, höheren Anforderungen im Bereich der Qualifikation zurückzuführen. Alle befragten Unternehmen waren sich weiter einig, dass die gestiegenen Anforderungen auch in stetig steigenden Kundenansprüchen begründet sind. Die Verschärfung der Konkurrenzsituation und des Wettbewerbs wird aber auch durch die Technologisierung vorangetrieben. Abbildung 6.8 gibt einen Überblick zu der Wahrnehmung der Unternehmen zu diesen Entwicklungen.

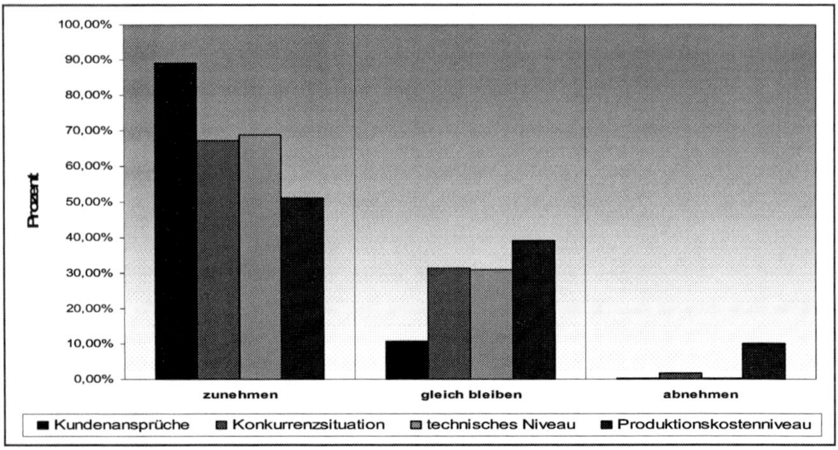

Abbildung 6.8: Veränderung der Leistungs- und Wettbewerbssituation

Dieses Stimmungs- und Meinungsbild zeigt, dass die Unternehmen in dem Wirtschaftsraum, der Gegenstand der weiteren Untersuchungen ist, die im theoretischen Teil der Arbeit dargestellten Entwicklungstrends im Arbeitsalltag bereits zu spüren bekommen. Der Wettbewerbsdruck nimmt zu und Mitarbeiter mit ihren Qualifikationen und Kompetenzen werden immer wichtiger. Der regionale Arbeitsmarkt hat für die befragten 321 Unternehmen eine sehr hohe Bedeutung. Bis 2005 wurden durchschnittlich etwa 90 Prozent der benötigten Nachwuchs-, Fach-, und Führungskräfte aus der Region rekrutiert. Vor allem bei Hochschulabsolventen und Führungskräften hatten die Unternehmen bereits Engpässe zu verzeichnen und setzen nun verstärkt auf die Potenziale am bundesweiten Arbeitsmarkt und eine überregionale Rekrutierung. Abbildung 6.9 vermittelt einen differenzierten Überblick zur Veränderung der Qualifikationsstruktur.

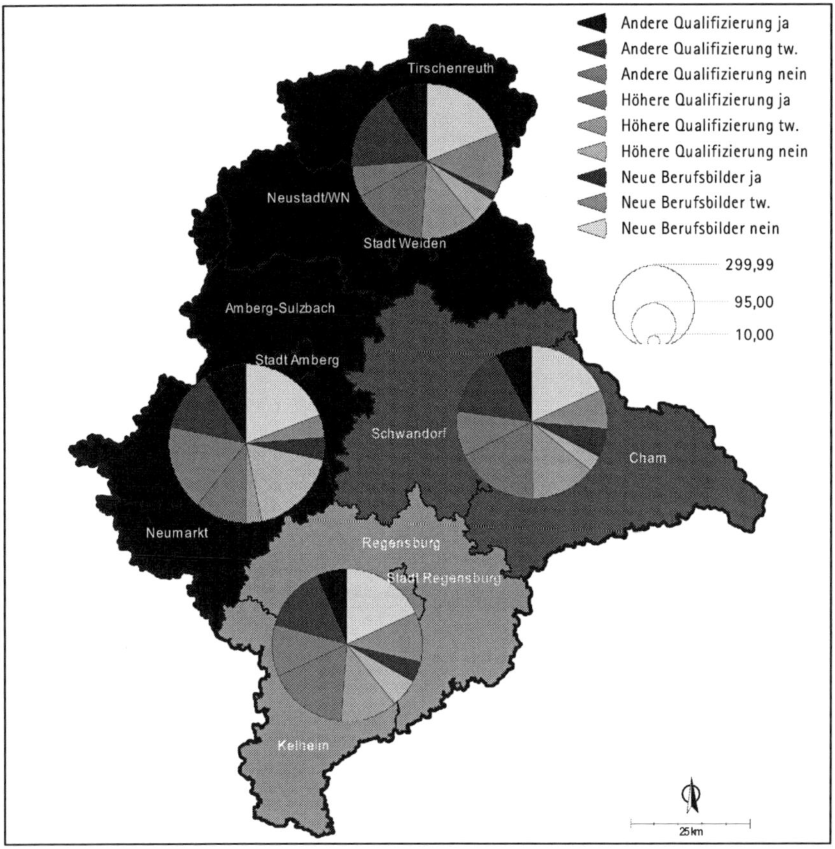

Abbildung 6.9: Differenzierte Entwicklung des Qualifikationsniveaus in den Teilregionen

Da die Wirtschaftsstruktur der Flächenkammer Regensburg sehr heterogen ist, fallen auch die Einschätzungen in den vier gebildeten Teilregionen unterschiedlich aus. Während in der Mitte und im südlichen Bereich des IHK-Bezirks nicht nur der Trend zur Höherqualifizierung, sondern auch der Bedarf an weiteren und neuen Qualifikationen sowie neuen Berufsbildern deutlich ausgeprägt ist, werden diese Anforderungen im strukturschwächeren Norden aus Unternehmenssicht weniger erwartet.

6.2 Untersuchung zu den Auswirkungen der demographischen Entwicklung und grundlegenden Tendenzen

Zu Beginn des Forschungsvorhabens für diese Arbeit wurde eine Unternehmensbefragung durchgeführt, die die Evaluation der Fragestellung, die zur vorliegenden Arbeit geführt hat, unterstützen und das Forschungsvorhaben konkretisieren sollte.

6.2.1 Untersuchungsdesign und Anspruchsniveau

Zwischen Regionen, Branchen und Unternehmen bestehen bei den Auswirkungen der demographischen Entwicklung große Unterschiede, die differenzierte Lösungskonzepte erfordern. Um für die Konzeption der Untersuchung zum Kompetenzmanagement und zu den Mitarbeitern in der zweiten Berufslebenshälfte eine Einschätzung zur Situation der Unternehmen im Bezirk der IHK Regensburg zugrunde legen zu können, wurde eine Befragung von 350 Unternehmen durchgeführt. 80 Unternehmen beteiligten sich an der Onlinebefragung, deren Fragestellungen in der Anlage 9 nachzulesen sind, und gaben ihre Einschätzungen und Erfahrungen zu den Konsequenzen und Herausforderungen der demographischen Entwicklung ab.

An der Stichprobe sind Unternehmen aus allen Städten und Landkreisen des IHK-Bezirks beteiligt. Die Mehrheit der befragten Unternehmen umfasst eine Unternehmensgröße von über 500 Mitarbeitern. Mit 13 bzw. 14 Prozent sind aber auch Betriebe mit weniger als 50 bzw. 500 Beschäftigten beteiligt. Jeweils 40 Prozent der Unternehmen sind der Dienstleistungsbranche bzw. der Industrie zuzuordnen. Unternehmen aus dem Bereich Handel machen 20 Prozent der Stichprobe aus.

Diese Branchenverteilung bildet die Grundgesamtheit damit tendenziell gut ab, während die Verteilung der Unternehmensgrößen nicht die Struktur des Wirtschaftsraumes wiedergibt. Die Befragung kann somit nicht als repräsentativ angesehen werden. Diese Zielsetzung lag der Datenerhebung nicht zugrunde, da die Antwortschwerpunkte der 80 Unternehmen und die daraus ableitbaren generellen Tendenzen als Grundlage für die Konzeption des weiteren Forschungsprojektes dienen können, ohne dass eine hundertprozentige Repräsentativität vorliegen muss.

6.2.2 Personalstrategien der befragten Unternehmen

Die Hälfte der befragten Unternehmen verfügt nach eigener Einschätzung über eine Personalstrategie, die auf Basis der Unternchmensstrategie zur Erreichung der Ziele und zur Sicherung der Wettbewerbsfähigkeit beitragen soll. Gerade die kleineren Unternehmen, mit weniger als 500 Mitarbeitern, planen durchaus systematisch. Dennoch bereitete die Rekrutierung von Fach- und Nachwuchskräften drei Viertel der befragten Unternehmen in der Vergangenheit Schwierigkeiten. Zukünftige Probleme beim Wettbewerb um gute Mitarbeiter werden allerdings optimistisch in geringerem Umfang erwartet.

Ein Grund für diesen Optimismus könnte sein, dass immerhin 40 Prozent der vor allem größeren Unternehmen dem Wettbewerb auf dem Arbeitsmarkt ein Personalmarketingkonzept entgegensetzt. Sie versuchen sich am Arbeitsmarkt als attraktiver Arbeitgeber zu positionieren, um gute Arbeitskräfte für sich zu gewinnen. Die Mehrheit der Unternehmen betreibt im Bereich Personal jedoch kein Marketing und scheint davon auszugehen, in Zukunft im Bedarfsfall geeignete qualifizierte Mitarbeiter finden zu können. 44 Prozent, vor allem der größeren Unternehmen, reagieren auf die durch die demographische Entwicklung abzusehende Verknappung jüngerer Arbeitskräfte bereits heute durch eine verstärkte Einstellung junger Arbeitskräfte.

6.2.3 Umgang mit Mitarbeitern in der zweiten Berufslebenshälfte

Der Anteil der über 45-jährigen Mitarbeiter ist in knapp der Hälfte der befragten Unternehmen mit weniger als 10 Prozent sehr gering. Bei einem Drittel der Firmen macht diese Mitarbeitergruppe immerhin bis zu einem Viertel der Belegschaft aus. Über 25 Prozent der Mitarbeiter sind bei 11 Prozent der Unternehmen älter als 45 Jahre. Bei 9 Prozent der Betriebe ist der größte Teil der Mitarbeiter über 45 Jahre alt.

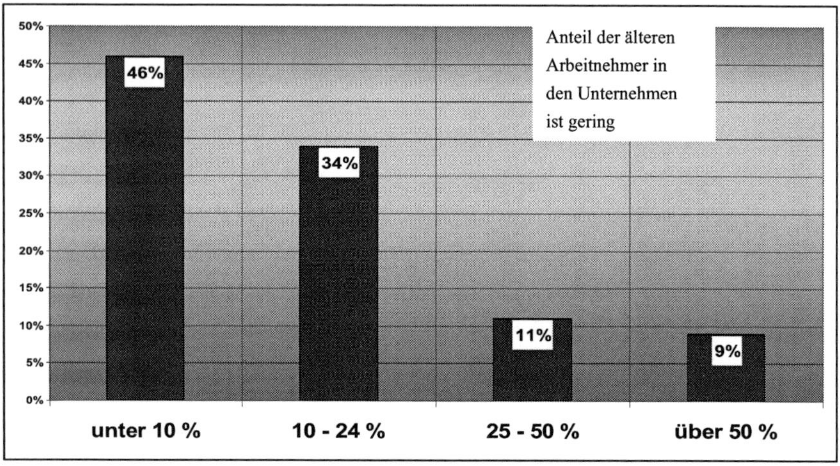

Abbildung 6.10: Anteil der Mitarbeiter über 45 Jahre in den Unternehmen

Die deutliche Mehrheit der Unternehmen gibt im Rahmen des Onlinefragebogens an, dass der Anteil der über 45-jährigen Mitarbeiter in Zukunft stark zunehmen wird. Ein Drittel der Befragten geht allerdings von einer Abnahme dieser Mitarbeitergruppe aus. Vor allem der Handel scheint sich auf jüngere Arbeitskräfte zu konzentrieren. Die befragten Unternehmen vertreten in der Gesamtheit mehrheitlich die Auffassung, dass ein hoher Anteil an älteren Mitarbeitern Probleme mit sich bringt. Diese kritische Einschätzung entsteht wohl auch vor dem Hintergrund, dass 72 Prozent der Unternehmen die Leistungsfähigkeit älterer Mitarbeiter im Vergleich zu jüngeren als geringer einstufen.

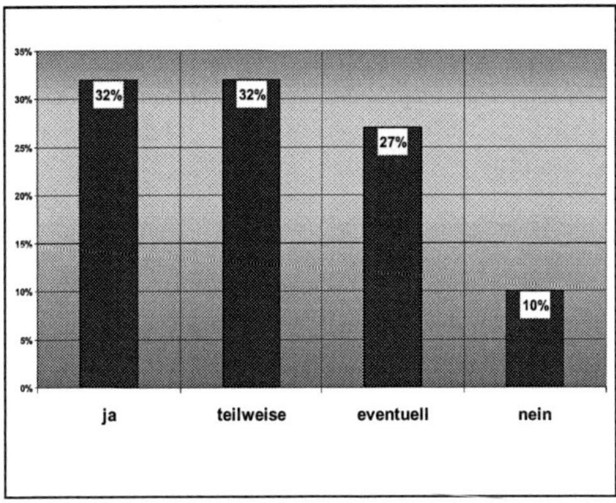

Abbildung 6.11a: Probleme durch einen hohen Anteil älterer Mitarbeiter

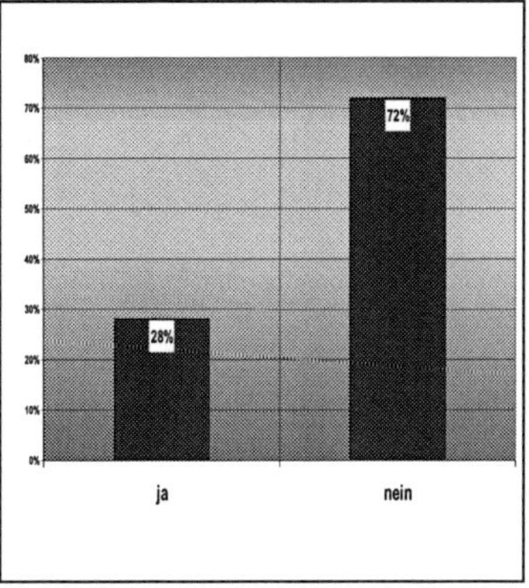

Abbildung 6.11b: Rückgang der Leistungsfähigkeit älterer Mitarbeiter

Die Unternehmen versuchen jedoch auch, die Leistungsfähigkeit älterer Mitarbeiter zu fördern. 80 Prozent geben an, ältere Arbeitnehmer im gleichen Umfang wie jüngere Kollegen an Weiterbildungsmaßnahmen zu beteiligen. Über die hohe Bedeutung des Erfahrungswissens und der Kompetenzen der älteren Mitarbeiter, als wichtige Faktoren für die Leistungs- und Wettbewerbsfähigkeit, sind sich die Befragten einig. 72 Prozent der befragten Unternehmen heben die Wichtigkeit des Wissens der Mitarbeiter in der zweiten Berufslebenshälfte wohl auch deshalb in diesem hohen Maße hervor, weil sie durch das Ausscheiden älterer Mitarbeiter, in der Vergangenheit, bereits wertvolles Wissen verloren haben.

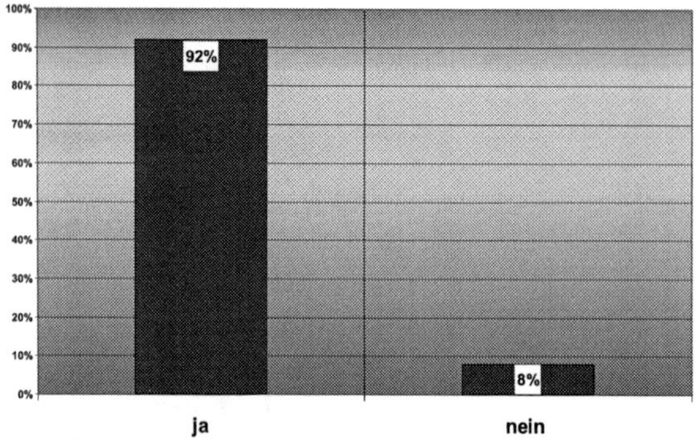

Erfahrung und Kompetenzen der langjährigen Mitarbeiter sind für die Unternehmen wertvoll

Abbildung 6.12: Erfahrungswissen und Kompetenzen älterer Arbeitskräfte

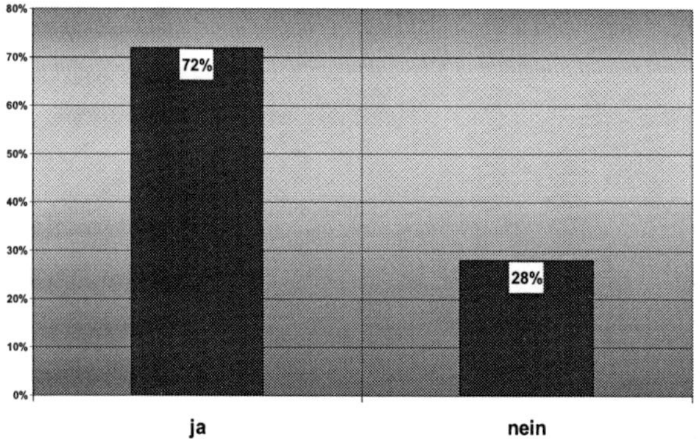

Ausscheiden von Kompetenz- und Wissensträgern stellt Unternehmen vor Probleme und führt zu Wissensverlust

Abbildung 6.13: Durch das Ausscheiden älterer Mitarbeiter erlittener Wissensverlust

6.2.4 Ausgangslage aus Sicht der Unternehmen

Strategien zur Bewältigung der Auswirkungen der demographischen Entwicklung sind nach Meinung der befragten Unternehmen wichtig. Die Ergebnisse der Befragung zeigen auch, dass die weiteren Entwicklungen für das Personalmanagement zahlreiche Herausforderungen bringen werden. Es kann davon ausgegangen werden, dass tendenziell die Unternehmen, die sich bereits mit der Thematik beschäftigen, geneigter waren, an der Befragung zum Thema „Demographischer Wandel" teilzunehmen. Somit muss angenommen werden, dass in der Realität noch ein viel größerer Prozentsatz der Betriebe die Entwicklung der Altersstruktur der Erwerbspersonen verkennt. Auch die Häufigkeit der Strategie, vor allem mit einer verstärkten Rekrutierung junger Arbeitskräfte auf die demographische Situation zu reagieren, zeigt, dass sich viele Unternehmen lediglich auf eine zukünftige Verknappung junger Arbeitskräfte einstellen. Die aufgrund der bereits heute gegebenen Aktualität dringende Herausforderung der alternden Belegschaften wird dagegen übersehen.

Die Antworten auf die Frage nach der Einschätzung der Leistungsfähigkeit der älteren Mitarbeiter zeigen, wie negativ das Bild hierzu in den Unternehmen ist und dass die Ausführungen in Kapitel 3 im Untersuchungsraum in vollem Umfang zutreffen. Kompetenzen und das Wissen der Mitarbeiter sind für Unternehmen im härteren Wettbewerb entscheidende Ressourcen und gewinnen weiter an Bedeutung. Unternehmen befürchten gleichzeitig durch die Alterung der Belegschaften einen Rückgang der Leistungs- und Wettbewerbsfähigkeit. Vor allem diese Ergebnisse der Voruntersuchung haben die Dringlichkeit der Fragestellung der Arbeit, das Kompetenzmanagement als Herausforderung der Entwicklung der Human Ressourcen im Unternehmen, unter besonderer Berücksichtigung der Mitarbeiter in der zweiten Berufslebenshälfte, zu untersuchen, verdeutlicht und unterstrichen.

6.2.5 Ergänzende Einschätzungen der Experten in der IHK-Organisation

Die Meinung der am Thema Kompetenzmanagement interessierten Geschäftsführer der Weiterbildung, die im Juli 2008 bundesweit im Rahmen eines Kurzfragebogens um ihre Einschätzung zur Entwicklung des Kompetenzmanagements gebeten wurden, zeigt, dass der Bedarf der Unternehmen im Bereich des

Kompetenzmanagements in letzter Zeit deutlich gestiegen ist. Auch wenn das Konzept bei kleinen und mittleren Unternehmen teilweise unbekannt ist, fragen diese, im Bereich der klassischen Personalentwicklung, verstärkt nach systematisierten Gesamtkonzepten. Aufgrund der Nähe zu den Bedarfslagen der Unternehmen und der Auseinandersetzung mit aktuellen Entwicklungen, können die neun Geschäftsführer der Weiterbildungseinrichtungen der IHKs ihre Einschätzungen auf eine fundierte Marktkenntnis stützen, und die Bemühung um die Entwicklung von Führungskräften, als häufigsten Grund für die Auseinandersetzung, mit oder ohne die Nachfrage von Kompetenzmanagement identifizieren.

An zweiter Stelle versuchen die Unternehmen hiermit den, Auswirkungen alternder Belegschaften entgegenzuwirken und reagieren mit Kompetenzmanagementansätzen auf die Probleme bei der Beschaffung von Fachkräften. Der gestiegene Wettbewerbsdruck und die zunehmende Bedeutung überfachlicher Kompetenzen und Potenziale werden nicht als Hauptgrund für die Auseinandersetzung der Unternehmen mit Kompetenzmanagement gesehen, aber vereinzelt von den Verantwortlichen für den Weiterbildungsbereich auch als Ursache aufgeführt.

ZWISCHENFAZIT:

Die Ergebnisse der Voruntersuchung bzw. der begleitenden Einschätzung aus der IHK Organisation zeigen deutlich, dass das Kompetenzmanagement, aufgrund der steigenden Anforderungen an Unternehmen und deren zentralen Ressourcen, die Kompetenzen und Fähigkeiten der Mitarbeiter, aktuell und in weiterer Zukunft, an Bedeutung gewinnt. Der Fachkräftemangel und die sich abzeichnende Verknappung junger Arbeitskräfte führen dazu, dass sich Unternehmen, bei den Fach- und Führungskräften, nicht mehr auf den externen Arbeitsmarkt verlassen, sondern hierfür benötigte Potenziale im Unternehmen suchen und entwickeln möchten. Hierfür benötigen sie geeignete Konzepte und Instrumente des Human Ressourcen Managements. Das Thema Kompetenzmanagement erfährt somit grundlegend einen Bedeutungsgewinn.

Auch wenn alternde Belegschaften oft nicht als die vorrangige Herausforderung identifiziert werden, erwarten die Unternehmen, aufgrund des in den Betrieben nach wie vor herrschenden, negativen Altersbildes durch die Alterung ihrer Mitarbeiter, große Probleme und sehen sogar die Leistungs- und Wettbewerbsfähigkeit des Gesamtunternehmens gefährdet. Gleichzeitig bewerten die Unternehmen das Wissen und die Kompetenzen der Mitarbeiter in der zweiten Berufslebenshälfte als wertvolle Ressourcen und fürchten den Verlust durch den Übergang dieser Mitarbeitergruppe in das Renteneintrittsalter. Hieraus ergibt sich in doppelter Hinsicht die Notwendigkeit für ein strategisches Kompetenzmanagement:

Zum einen können hierdurch Leistungsdefizite der älteren Mitarbeiter im Unternehmen verhindert werden, da wie in Kapitel 3 herausgearbeitet, das Leistungsniveau im Alter sehr stark beeinflussbar ist und sowohl Lern-, als auch Innovationsfähigkeit durch kontinuierliche, gezielte Weiterentwicklungsprozesse erhalten werden können. Zum anderen kann dem Kompetenzverlust, durch das Ausscheiden der älteren Mitarbeiter, entgegengewirkt werden, da diese Kompetenzen bereits frühzeitig bei potenziellen Nachfolgern entwickelt werden und das Wissen zielgerichtet weiter gegeben wird.

Da es für diese zweite Problemstellung bereits zahlreiche Modelle und Konzepte des Wissensmanagements gibt, und in Literatur wie Praxis Ansätze zur Optimierung der Nachfolgeplanung und –sicherung bestehen, stellt diese Arbeit die Einbindung der älteren Mitarbeiter in Kompetenzmanagementsysteme und –instrumente in den Vordergrund. Die im Folgenden dargestellte Untersuchung setzt den Schwerpunkt auf die Beleuchtung des Einsatzes von Kompetenzmanagement in Unternehmen und die damit verbundenen Erfahrungen mit älteren Mitarbeitern. Ziel ist es, hierin Erfolgsfaktoren für den Umgang mit Arbeitnehmern in der zweiten Berufslebenshälfte zu erkennen, um Gestaltungsempfehlungen für erfolgreiche Konzepte ableiten zu können.

6.3 Forschungsgegenstand: Kompetenzmanagement in Unternehmen und Mitarbeiter in der zweiten Berufslebenshälfte

Dieses Teilkapitel enthält, mit der Darstellung der schriftlichen Befragung sowie den Interviews den zentralen Teil des empirischen Kapitels, der die Fragestellung „Kompetenzmanagement als Herausforderung der Entwicklung der Human Ressourcen im Unternehmen, unter besonderer Berücksichtigung der Mitarbeiter in der zweiten Berufslebenshälfte" aufarbeitet. Im ersten Unterpunkt wird die Zielsetzung der Untersuchung beschrieben und hierauf aufbauend einige zentrale Arbeitshypothesen vorgestellt. Auf die Beschreibung des Untersuchungsdesigns folgt die Herausarbeitung der Ergebnisse, die aufgrund ihrer Schwerpunkte in verschiedenen Unterpunkten dargestellt werden.

6.3.1 Zielsetzung und Anspruchsniveau

Die hier dargestellte, empirische Untersuchung, erhebt nicht den Anspruch der Repräsentativität. Der Datenerhebung lag im ersten Schritt die Bemühung zugrunde, sowohl die Größenverteilung, als auch die Branchenzusammensetzung des Untersuchungsraumes abzubilden. Doch dieses Bemühen sichert nicht die realitätsidentische Unternehmenszusammensetzung und die Übertragbarkeit der Ergebnisse auf Unternehmen in räumlich entfernten und anderweitig zusammengesetzten Wirtschaftsregionen.

Ziel der Befragung war es, aus einer breiten Datenbasis Informationen über den Einsatz von Kompetenzmanagementkonzepten in Unternehmen zu erhalten, die dann in Kombination mit den Erfahrungen, bei der Einbeziehung älterer Mitarbeiter, zu Erkenntnissen über diese besondere Problemstellung führt. Die vertiefenden Interviews hatten das konkrete Ziel, neben dem Einsatz von Kompetenzmanagement im Unternehmen und den Umgang mit älteren Mitarbeitern Erfolgsfaktoren für ein Kompetenzmanagement, das alle Mitarbeiter berücksichtigt, herauszuarbeiten. Grundlage für diesen Ansatz ist die in Kapitel 3 ausgeführte und begründete Annahme, dass erfolgreiche Konzepte nicht für einzelne Mitarbeitergruppen entwickelt und angewendet werden können und damit immer einen Teil der Belegschaft diskriminieren.

6.3.2 Arbeitshypothesen

Erstens soll im Rahmen der Arbeitshypothesen angenommen werden, dass es für Unternehmen erfolgsbringend ist, Kompetenzmanagementkonzepte zu nutzen, die laufbahnbegleitend alle Mitarbeiter, unabhängig von ihrem Alter, berücksichtigen. Offen ist dabei die Frage, inwieweit aufgrund ihres Alters gebildete Mitarbeitergruppen einer unterschiedlichen Ausgestaltung der Instrumente des Kompetenzmanagements bedürfen und welche Faktoren hierfür berücksichtigt werden müssen.

Zweitens ist zu erwarten, dass bei der Umsetzung von Kompetenzmanagementsystemen und –konzepten in den Unternehmen, Unterschiede in den verschiedenen Altersgruppen festgestellt werden können, die zu unterschiedlichen Anforderungen an das Kompetenzmanagement führen.

Drittens beschäftigt sich die letzte Arbeitshypothese mit dem in Kapitel 3 dargestellten Zusammenhang zwischen den Arbeitsrahmenbedingungen und der Entwicklung der Lern- und Veränderungsfähigkeit der Mitarbeiter. Es soll davon ausgegangen werden, dass die konsequente und laufbahnbegleitende Einbindung der Mitarbeiter in das Kompetenzmanagement und Weiterbildungsmaßnahmen zu einem deutlich verbesserten Umgang mit Kompetenzmanagement und neuen Anforderungen führt.

Mit der vorliegenden Arbeit und der hierfür durchgeführten Untersuchung können diese Arbeitshypothesen nur zu einem gewissen Grad auf ihre Aussagefähigkeit hin überprüft, aber nicht universell als gültig erklärt werden, da hierfür die Größe der Stichprobe und die Zusammensetzung der Interviewpartner nicht ausreichend ist. Auch konnte den Unternehmen im Rahmen der Untersuchung nur eine begrenzte Anzahl an Fragen gestellt werden, weil ein zu großer Bearbeitungsaufwand die Rücklaufquote und Gesprächsbereitschaft zu sehr eingeschränkt hätte. Die aus der Stichprobe generierte Datenbasis und die geführten Interviews stellen nicht desto trotz einen erheblichen Informationsgewinn dar. Es konnten etliche Aspekte des Kompetenzmanagements im Zusammenhang mit Arbeitnehmern in der zweiten Berufslebenshälfte hinterfragt werden. Die Aussagekraft der generierten Ergebnisse ist auch ohne eine universelle Allgemeingültigkeit hoch.

6.3.3 Untersuchungsdesign und Beschreibung der Stichproben

6.3.3.1 Schriftlicher Fragebogen

Die empirische Untersuchung wurde mittels eines onlinebasierten Fragebogens durchgeführt. Die Einladung zur Teilnahme an der Befragung erhielten knapp 700 Unternehmen im Bezirk der IHK Regensburg per E-Mail. Durch den Hinweis auf die Befragung an unterschiedlicher Stelle, wurden darüber hinaus sicherlich noch einige Unternehmensvertreter auf den Onlinefragebogen aufmerksam. Aufgrund der anonym durchgeführten Befragung kann nicht nachvollzogen werden, worauf der Rücklauf im Einzelnen zurückzuführen ist. Es konnte auch nicht ermittelt werden, wie viele E-Mails, aufgrund veränderter E-Mailadressen, keinen Ansprechpartner erreichten. Die Mehrheit der E-Mailadressen waren persönliche Adressen von Geschäftsführern, Betriebsleitern oder Personalverantwortlichen. Ohne Berücksichtigung der möglichen Verringerung der Stichprobe liegt bei 112 Antwortdatensätzen der Rücklauf bei circa 16 Prozent.

Nach einem einführenden Text leitete ein Link den Benutzer direkt zum Onlinefragebogen weiter. 112 Unternehmen verschiedener Branchen und Unternehmensgrößen folgten dieser Einladung und nahmen an der Befragung teil. Der Fragebogen, der in Anhang 9 in der den Unternehmen übermittelten Form dargestellt ist, besteht aus zwei Teilen. Einführend beleuchten die ersten drei Fragen die Kompetenzfeststellung in den Unternehmen und ermittelten, wie und in welchem Umfang Kompetenzerhebungen stattfinden. Um Aussagen über das Anwendungsniveau von Kompetenzmanagementinstrumenten treffen zu können, werden im zweiten Teil differenzierte Fragen zu eingesetzten Instrumenten und Erfahrungen an nach Alter unterteilten Mitarbeitergruppen gestellt. Mit weiteren zehn Fragen hat dieser Teil den größten Anteil an der Befragung. Nach der Frage zu dem Entwicklungstrend im Bereich des Kompetenzmanagements und der Wertschätzung der Mitarbeiter, bilden die Angaben zum Unternehmen den Abschluss der anonymen Befragung. Die Fragen zum Unternehmen wurden auf die, anhand der Mitarbeiterzahl gemessene, Unternehmensgröße und einer Zuordnung zu den drei Branchenschwerpunkten beschränkt, um somit die Anonymität in jedem Fall zu gewährleisten. Dies ist zum einen für den Rücklauf hilfreich und unterstützt zum anderen die realitätsnahe Beantwortung der Fragen.

Die Zusammensetzung der Stichprobe ist mit absoluten Zahlen im Anhang 10 dargestellt. Abbildung 6.14 zeigt die Verteilung der Unternehmensgrößen in der Stichprobe. Wie auch in der Grundgesamtheit nehmen kleinere Unternehmen mit unter 500 Mitarbeitern den größten Anteil ein. Unternehmen mit mehr als 500 Beschäftigten stellen mit 17 Prozent den kleinsten Anteil in der Stichprobe.

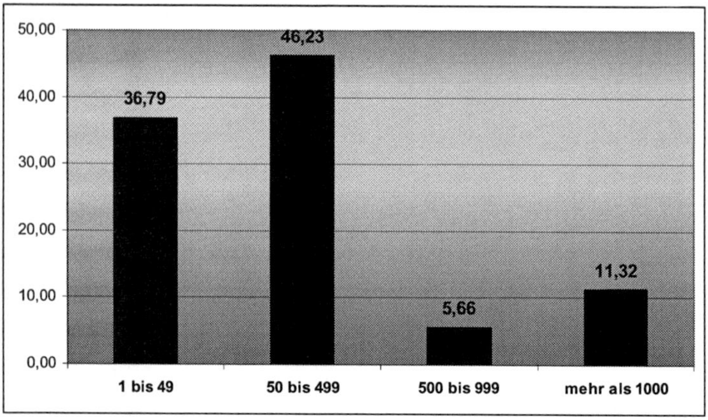

Abbildung 6.14: Verteilung der Unternehmensgrößen in der Stichprobe in Prozent

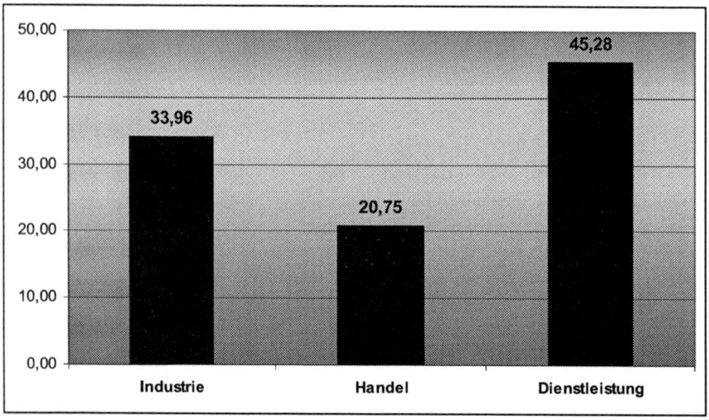

Abbildung 6.15: Verteilung der Branchenschwerpunkte in der Stichprobe in Prozent

Die Verteilung der Branchenstruktur kommt der Verteilung in der Grundgesamtheit sehr nahe. Industrieunternehmen machen ein Drittel der befragten Unternehmen aus. Der Handel ist mit 21 Prozent vertreten und Dienstleistungsunternehmen stellen 45 Prozent der Stichprobe. Damit sind aufgrund der

Vernachlässigung von kleineren Wirtschaftszweigen bzw. deren Untergliederung beide Bereiche leicht überproportional vertreten, die Stichprobe von 112 Unternehmen bildet aber dennoch eine gute und gesicherte Basis für die Befragung.

Der Fragebogen enthielt überwiegend geschlossene Fragen und die Befragten kennzeichneten ausgewählte Antworten. Einige der Fragestellungen ließen Mehrfachantworten zu. Alle Fragen beinhalteten die Antwortmöglichkeit „keine Angabe“, für den Fall, dass ein Bereich für ein Unternehmen nicht zu beantworten war oder der Befragte keine Auskunft geben wollte. Bei sechs Fragen konnten zur Spezifizierung der Antwortmöglichkeit „Anderes“ oder „Sonstiges“ Ergänzungen eingetragen werden.

6.3.3.2 Vertiefende Interviews

In einem zweiten Schritt wurden, auf Basis der gewonnen Daten, mit Personalleitern ausgewählter Unternehmen vertiefende Interviews durchgeführt. Die neun Interviews erfolgten anhand eines Leitfadens in halbstandardisierter Form. Da im Fragebogen auch grundlegend nach dem Kompetenzmanagement im Unternehmen gefragt wurde, stellten ähnliche Fragen den Beginn des Gespräches dar. Diese wurden durch die Bitte um eine der Anwendung im Unternehmen zugrunde liegende Definition von Kompetenzen und Kompetenzmanagement eingeleitet. Fragen zu Erfahrungswerten mit Arbeitnehmern in der zweiten Berufslebenshälfte bildeten den dritten Gesprächsschwerpunkt, dessen Umfang in den Gesprächen stark variierte. Je nach Gespräch und Interviewpartner dauerten die Befragungen zwischen 15 und 45 Minuten und beinhalteten in entsprechendem Umfang, Anmerkungen und in einigen Fällen auch nützliche Diskussionsteile, die interessante Anregungen enthielten.

Da die Gespräche nicht zu einem knappen Frage- uns Antwortspiel reduziert, sondern durch einen intensiven Dialog die Möglichkeit genutzt werden sollte, über die einzelnen Fragen hinausgehende Sichtweisen und Impulse zu erfassen, wurde der Leitfaden (siehe Anhang 12) in unterschiedlicher Form bearbeitet. Je nach Zeitpotenzial des Gesprächspartners und seiner Affinität zum Thema entstanden in den Gesprächen unterschiedliche Schwerpunkte. Die zusammenfassende Darstellung der einzelnen Aussagen der Interviewpartner enthält in kursiver Schrift immer wieder zentrale Aussagen und wörtlich wiedergegebene Begriffe und Berichte.

6.4 Auswertung der empirischen Daten

6.4.1 Kompetenzfeststellung in Unternehmen

6.4.1.1 Ergebnisse der schriftlichen Befragung

Mit 72 Prozent erfasst, nach eigener Angabe, die Mehrheit der befragten Unternehmen die Kompetenzen der Mitarbeiter. Knapp ein Drittel der Unternehmen geht bei dieser Kompetenzerfassung unsystematisch vor. Ein Drittel erhebt Mitarbeiterkompetenzen systematisch. 15 Prozent der befragten Unternehmen ziehen externe Anbieter hinzu, um so auf professionelle Art und Weise vorhandene Kompetenzen zu ermitteln. Diese Unternehmen kommen zu mehr als zwei Dritteln aus dem Dienstleistungssektor, bei dem über die Hälfte der Befragten angeben, systematisch oder durch externe Unterstützung professionalisiert, mit Fragen der Kompetenzfeststellung umzugehen. Industrieunternehmen und der Handel erfassen Kompetenzen dagegen tendenziell eher unsystematisch. Ein Viertel aller Unternehmen führt keine Kompetenzerhebungen durch.

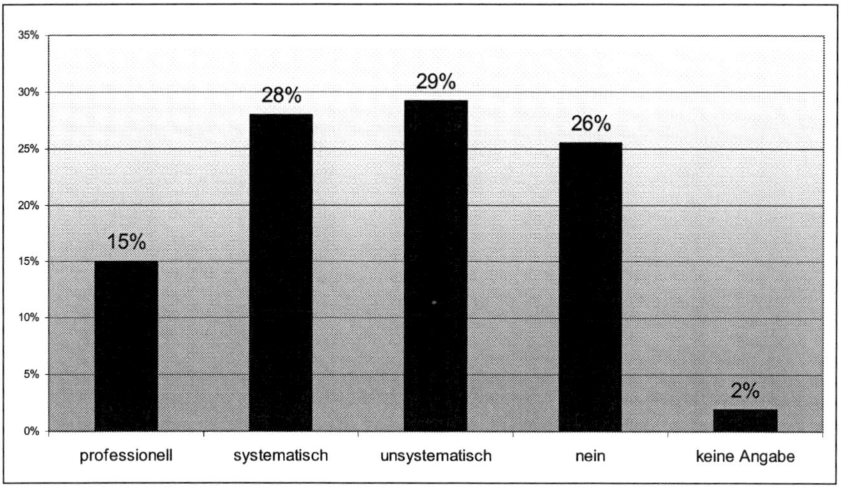

Abbildung 6.16: Art der Kompetenzerfassung in den Unternehmen

Bei der Frage nach den Wiederholungsintervallen der Kompetenzerhebung gab über ein Drittel der Unternehmen an, regelmäßig jährlich eine Kompetenzfeststellung durchzuführen. Nur 12 Prozent führen diese regelmäßig in größeren Intervallen durch. Ein weiteres Drittel wiederholt Kompetenzfeststellungen in unregelmäßigen Abständen. Mit 22 Prozent war der Anteil der Unternehmen, die hierzu keine Angaben machten, vergleichsweise hoch. Es ist die Tendenz festzustellen, dass der Anteil an professionellen oder systematischen Erhebungsverfahren mit der Regelmäßigkeit des Einsatzes zunimmt. Unsystematische Verfahren sind dagegen vermehrt bei der unregelmäßigen Durchführung anzutreffen.

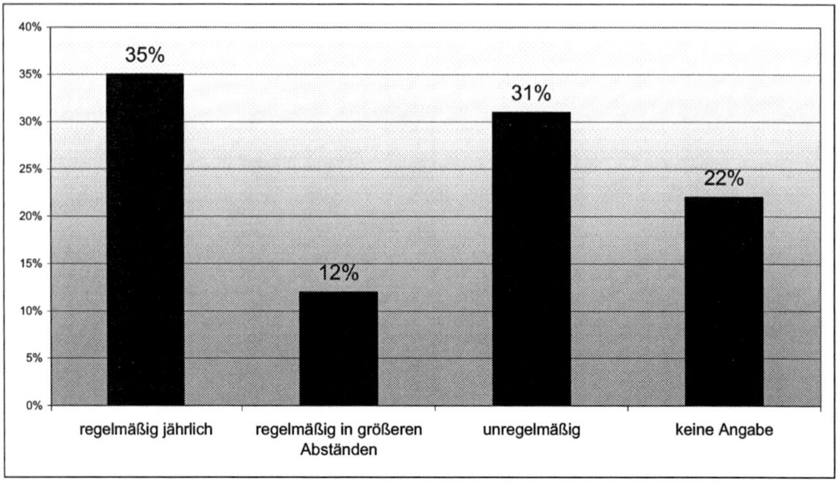

Abbildung 6.17: Wiederholungsintervalle der Kompetenzerhebung in Unternehmen

Je regelmäßiger ein Unternehmen Kompetenzerhebungen durchführt, desto systematischer oder professioneller geschieht dies. Im umgekehrten Wirkungszusammenhang gilt, je systematischer die Kompetenzfeststellung erfolgt, desto regelmäßiger kommt sie zum Einsatz. Aufgrund der Fragestellung der schriftlichen Befragung kann dabei allerdings keine Aussage über die abhängige bzw. unabhängige Variable gemacht werden. Der Wirkungszusammenhang muss in beiden Richtungen angenommen und die Wirkungsrichtung kann nicht bestimmt werden.

Die absoluten Zahlen zu allen dargestellten Häufigkeitsverteilungen der Ergebnisse der schriftlichen Befragung sind in der Reihenfolge des vorliegenden Textes im Anhang aufgeführt. Vor allem bei den noch folgenden Fragen, die Mehrfachnennungen zuließen, sind die dort abgebildeten Prozentzahlen der Fälle interessant, da hierdurch nicht nur die Verteilung der Antworten, sondern auch die Häufigkeit in den Unternehmen nachvollzogen werden kann.

6.4.1.2 Ergebnisse der vertiefenden Interviews

Wie auch bei der schriftlichen Befragung gab es bei der Frage nach der Art und Häufigkeit der Kompetenzfeststellung eine hohe Bandbreite der Antworten. Von der systematischen und regelmäßigen Kompetenzerfassung, durch den Einsatz entsprechender Instrumente, bis zur unsystematischen Ermittlung der individuellen Mitarbeiterkompetenzen durch den direkten Vorgesetzten waren alle Antworten vertreten. Kompetenzen werden bei den meisten Unternehmen in drei bis vier Kategorien untergliedert. Die Bewertung und der Stellenwert der fachlichen Kompetenzen variiert dabei in großem Umfang.

Einige Interviewpartner stellten die fachlichen Qualifikationen und Kompetenzen der Mitarbeiter sozusagen als *Grundvoraussetzung* dar und bezogen das Thema Kompetenzentwicklung rein auf methodische und persönliche Kompetenzen oder *skills*. Zu den überfachlichen Anforderungen zählen, den detaillierten Aussagen nach, vor allem Kompetenzen der Mitarbeiterführung, Kommunikationsthemen und alle Bereiche der Arbeitsmethodik. Neben den *persönlichen Fähigkeiten* kommt zudem der *emotionalen Kompetenz* eine hohe Bedeutung zu. Es gibt aber auch Unternehmen, in denen die fachlichen Anforderungen an die Mitarbeiter einem permanenten Wandel unterworfen sind, so dass Kompetenzanpassungen und -ergänzungen in diesem Bereich *oberste Priorität* haben und alle Mitarbeiter in jedem Alter die entsprechenden Weiterbildungsmaßnahmen als selbstverständlich erachten. In der Summe stehen beim Kompetenzmanagement die persönlichen und methodischen Dimensionen eindeutig im Vordergrund.

6.4.2 Kompetenzmanagement in Unternehmen

6.4.2.1 Ergebnisse der schriftlichen Befragung

Zum Abgleich von benötigten und bei den Mitarbeitern vorhandenen Kompetenzen, setzten die befragten Unternehmen zahlreiche Instrumente ein. Im Fragebogen wurden, mit der Möglichkeit zur Mehrfachnennung, 13 Instrumente aufgeführt. Insgesamt ergab die Frage 580 Nennungen, das bedeutet, dass ein Unternehmen im Durchschnitt 5,5 der aufgeführten Instrumente auswählte und sie damit im betrieblichen Alltag einsetzt. Eine Definition heutiger Anforderungen führen 62 Prozent der Unternehmen durch, knapp die Hälfte der Unternehmen definieren zukünftige Anforderungen. Das für eine Stelle erforderliche Wissen definieren 56%, das erforderliche Können 60% der Unternehmen und erstellen somit detaillierte Anforderungsprofile. Regelmäßige Zielvereinbarungen mit den Mitarbeitern werden in gut der Hälfte der Unternehmen getroffen, Leistungserhebungen führen 51 Prozent der Befragten durch. Aufwändige, individuelle Erhebungen, wie Assessment-Center oder 360°-Feedback, kommen bei durchschnittlich 12% der Unternehmen zum Einsatz. Auditverfahren oder Interviews durch die Personalabteilung werden von etwa einem Viertel der Unternehmen durchgeführt, wobei auffällig ist, dass Auditverfahren schwerpunktmäßig in Industrieunternehmen zum Einsatz kommen. Abbildung 7.9 gibt einen Überblick über die Reihenfolge der beschriebenen Häufigkeit der einzelnen Instrumente.

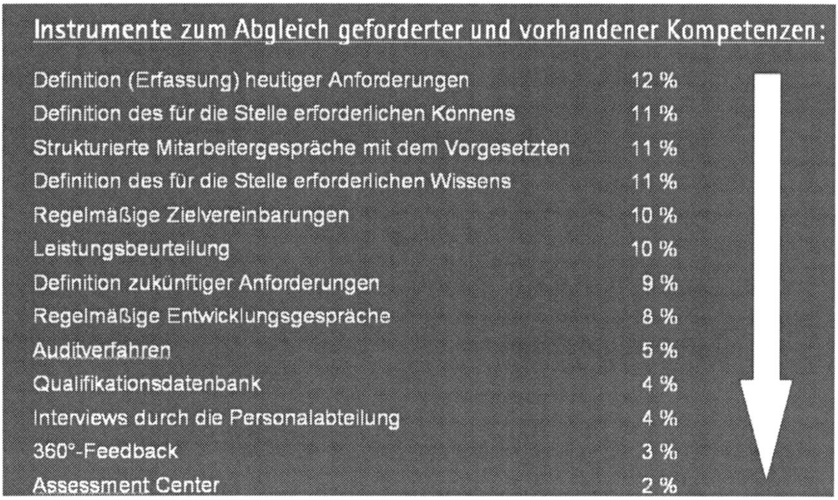

Abbildung 6.18: Instrumente zur Ermittlung der Mitarbeiterkompetenzen in den Unternehmen

Die Frage nach den Instrumenten zur Ermittlung von Sollkompetenzen und Kompetenzprofilen der Mitarbeiter, bildete die Grundlage für die Frage nach konkreten Maßnahmen, um hierdurch ermittelte Kompetenzdefizite abzubauen. Bei dieser Frage wurden elf Antworten vorgegeben. Die Unternehmen gaben am häufigsten an, dass die Einweisung am Arbeitsplatz bzw. das Anlernen zur konkreten Kompetenzvermittlung zum Einsatz kommen. Hierbei sind keine nennenswerten Unterschiede zwischen den Branchen festzustellen.

Ebenfalls sehr häufige Maßnahmen zum Aufbau von Qualifikationen und Kompetenzen sind Schulungen und Fortbildungen. Mit einem Prozentwert von 84 liegen klassische Fortbildungsangebote an zweiter Stelle der Nennungen. Selbstorganisiertes Lernen am Arbeitsplatz erwarten 61 Prozent der Unternehmen, wobei hier der Handel auffällig wenige Nennungen vergibt. Nur etwas über die Hälfte der kleineren und mittelgroßen Unternehmen bis 500 Mitarbeiter, fördert und fordert selbst organisiertes Lernen, während über 90 Prozent der Unternehmen mit 50 bis 500 Mitarbeitern und 100 Prozent der größeren

Maßnahmen zur Beseitigung von Kompetenzdefiziten:

Einweisung am Arbeitsplatz, Anlernen	17 %
Schulungen, Fortbildungen	17 %
Selbstorganisiertes Lernen am Arbeitsplatz	12 %
Team-, Gruppengespräche	11 %
Coaching, Patenschaften, Mentoring	9 %
Moderierter, systematischer Austausch von Erfahrungen	8 %
Rekrutierung von Kompetenzträgern	7 %
Selbstorganisiertes Lernen in der Freizeit	7 %
Projektlernen	5 %
Blended learning, Einrichtung von Wissensportalen	4 %

Abbildung 6.19: Maßnahmen zum Abbau von Kompetenzdefiziten

Unternehmen mit über 1000 Mitarbeitern dies erwarten. Team- und Gruppengespräche werden bei 57 Prozent aller Unternehmen eingesetzt, während neuere oder aufwändigere Methoden wie Projektlernen, Coaching, Blended learning oder ein moderierter Erfahrungsaustausch kaum zum Abbau von Kompetenzdefiziten genutzt werden.

Bei den Angaben zum Einsatz der unterschiedlichen Maßnahmen zeigen sich vor allem im Bereich der Weiterbildung und Weiterentwicklung Unterschiede zwischen den Unternehmensgrößen. Während nur 64 Prozent der Unternehmen mit weniger als 50 Mitarbeitern Schulungen als Möglichkeit der Kompetenzanpassung nutzen, sind es bei den Unternehmen mit mehr als 500 Mitarbeitern 100 Prozent der Befragten. Coaching, Patenschaften und Mentoringmodelle wurden von 28 Prozent der kleinen Unternehmen und 41 Prozent der Betriebe mit bis zu 500 Mitarbeitern bereits genutzt. Auch hier liegt die Verbreitung bei den beiden größeren Unternehmensklassen bei 83 bzw. 100 Prozent.

6.4.2.2 Ergebnisse der vertiefenden Interviews

Die Interviews zeigen, dass die Mehrheit der Unternehmen die *stellenspezifischen Anforderungsprofile* als wichtige Grundlage und Basis für das Kompetenzmanagement sieht. In etlichen Fällen werden diese als *Soll-Profile* definiert, denen dann die *Ist-Profile der Mitarbeiter* gegenüber gestellt werden. Vorhandene Lücken sind Indikatoren für einen Weiterbildungsbedarf, der oft in den Mitarbeitergesprächen mit den direkten Vorgesetzten reflektiert wird.

In den Gesprächen wurde klar ersichtlich, dass die in Kapitel 3 beschriebene Ausgangslage mit gestiegenen Anforderungen an Unternehmen eine Bedeutungssteigerung der Humanressourcen bei den befragten Unternehmen ausgelöst hat. Nach Aussage eines Interviewpartners ist *die zentrale Herausforderung, die technischen Veränderungen und die aktuellen Spielregeln des Marktes zu kennen und dem konstanten Wechsel mit lebenslangem Lernen zu begegnen.* Mitarbeiterkompetenzen sind in den Augen dieser Gesprächspartner nicht zu managen. Es sollen, durch ein Kompetenzmanagement, nur die bestmöglichen Voraussetzungen für die stetige und zielgerichtete Kompetenzanpassung geschaffen werden. Für einen erfolgreichen Anpassungsprozess, der zukünftige Herausforderungen antizipiert, ist der *direkte Vorgesetzte und das Engagement sowie die Motivation des einzelnen Mitarbeiters* ausschlaggebend. Um diese Motivation zu fördern ist es wichtig, Kompetenzmanagement nicht isoliert umzusetzen, sondern mit der Karriereplanung der Mitarbeiter zu verknüpfen.

Die Einschätzung des *direkten Vorgesetzten als zentrale Schlüsselfigur* eines zielführenden Kompetenzmanagementprozesses bestätigen alle Interviewpartner. Darüber hinaus sind für den Einsatz von Kompetenzmanagementkonzepten auch der für das Unternehmen erreichbare *Nutzen und die Handhabung der Instrumente* und Prozesse ausschlaggebend. Der Nutzen muss dabei nicht nur möglichst hoch sein, sondern auch zahlreiche unterschiedliche Aspekte beinhalten. So sollte das Kompetenzmanagement nicht nur zu einer Identifikation der

Träger der Kernkompetenzen führen und die Kompetenzanpassung sicherstellen, sondern beispielsweise auch *mit der Nachfolgeplanung verknüpft sein* und diese erleichtern. Die Mehrheit der Interviewpartner betonte die Wichtigkeit der Einfachheit der Kompetenzmanagementkonzepte. Lieber solle um deren Willen auf die aufwändige Untergliederung der Kompetenzbereiche verzichtet und der Prozess schlank gehalten werden. Für den Erfolg des Kompetenzmanagements sind *nicht komplexe Konzepte* und die Berücksichtigung aller Aspekte ausschlaggebend, sondern die *konsequente und durchgängige Umsetzung über einen längeren Zeitraum.*

6.4.3 Mitarbeiter in der zweiten Berufslebenshälfte

6.4.3.1 Ergebnisse der schriftlichen Befragung

Alle Fragen, die eine Differenzierung zwischen jüngeren Mitarbeitern und Arbeitnehmern in der zweiten Berufslebenshälfte enthalten, werden in diesem Unterpunkt dargestellt. Teilweise vertieften die Fragen vorangegangene Fragestellungen und wurden in der Befragung daher direkt an der entsprechenden Stelle aufgeführt. Im ersten Teil des Fragebogens wurden die Unternehmen um die Angabe der Mitarbeitergruppen, die bei der Erhebung der Kompetenzen berücksichtigt werden, gebeten. Gut die Hälfte gab bei dieser Frage an, dass alle Mitarbeiter bei der Kompetenzfeststellung berücksichtigt werden.

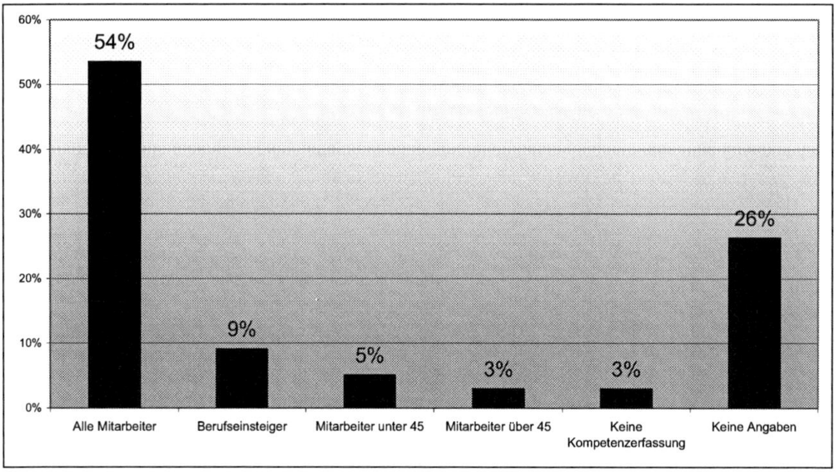

Abbildung 6.20: Bei der Kompetenzerhebung berücksichtigte Mitarbeitergruppen

14 Prozent der Befragten nannten Berufseinsteiger oder jüngere Mitarbeiter als konkrete Zielgruppe der Kompetenzerhebungsmaßnahmen. Drei Prozent der Nennungen entfielen explizit auf die Kategorie der Mitarbeiter über 45 Jahre. Auffallend ist bei dieser Frage der hohe Prozentsatz an Enthaltungen: ein Viertel der Unternehmen wollte zu der Frage nach den bei der Kompetenzerhebung berücksichtigten Mitarbeitergruppen keine Angaben machen. Hieraus könnte geschlossen werden, dass der Anteil der Unternehmen, die sich hierbei auf Berufseinsteiger und jüngere Mitarbeiter konzentrieren, in der Realität wesentlich höher ist, als in Abbildung 6.20 dargestellt. Die Frage nach der Einbindung der unterschiedlichen Mitarbeitergruppen in ein zielgerichtetes Kompetenzmanagement liefert in der nach Branchen differenzierten Betrachtung der Antwortverteilungen ein interessantes Ergebnis. Während über 40 Prozent der Handels- und Dienstleistungsunternehmen angeben, alle Mitarbeiter in das Kompetenzmanagement mit einzubeziehen, setzt nur ein Viertel der Industrieunternehmen Kompetenzmanagementsysteme ein, die alle Mitarbeiter berücksichtigen. Im Gesamtbild zeigen die Zahlen einen eindeutigen Trend: die Einbeziehung der Mitarbeiter sinkt mit steigendem Alter.

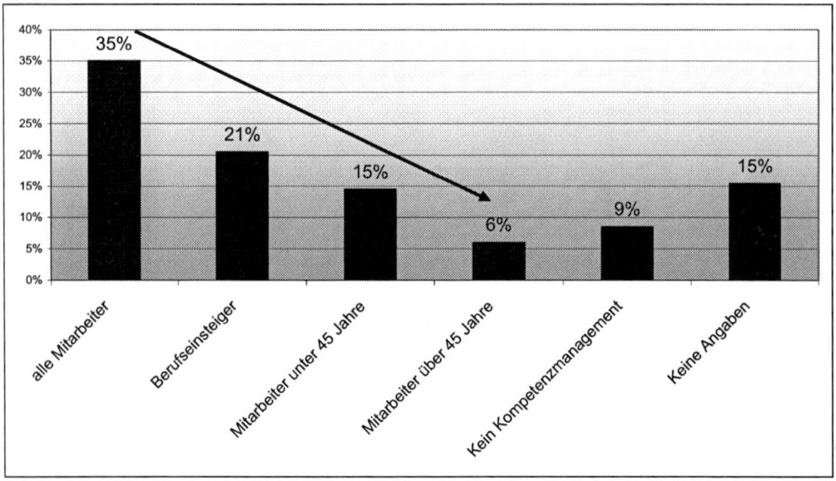

Abbildung 6.21: Beim Kompetenzmanagement berücksichtigte Mitarbeitergruppen

Immerhin ein gutes Drittel der Unternehmen bezieht systematisch alle Mitarbeiter in ein zielgerichtetes Kompetenzmanagementsystem ein. Mit 36 Prozent konzentriert sich der größte Anteil auf Berufseinsteiger und Mitarbeiter unter 45 Jahre. Lediglich 6 Prozent der Unternehmen geben an, Mitarbeiter in der zweiten Berufslebenshälfte explizit zu berücksichtigen. Etliche der Unternehmen, die Kompetenzerhebungen durchführen, lassen es hiermit bewenden und schließen hieran kein zielgerichtetes Kompetenzmanagement an. Mit 15 Prozent ist auch bei dieser Frage nach der Einbeziehung der unterschiedlichen Mitarbeitergruppen der Anteil der Unternehmen, die keine Angaben machen, relativ hoch.

Die Gegenüberstellung der Zahlen zur Einbeziehung der Mitarbeitergruppen bei der Kompetenzfeststellung und dem Kompetenzmanagement zeigt, dass im zweiten Fall der Anteil der Unternehmen, die alle Mitarbeiter berücksichtigen, deutlich geringer ist. In Abbildung 6.22 wird der Unterschied von 19 Prozentpunkten durch den erheblichen Größenunterschied der ersten beiden Balken deutlich.

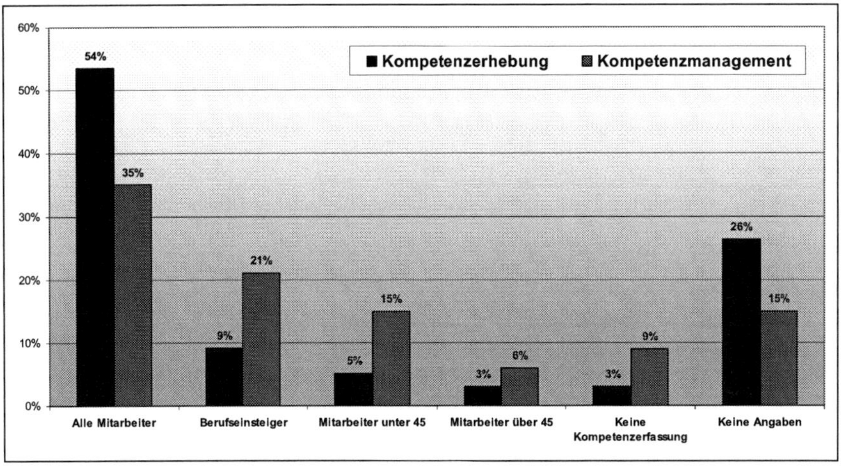

Abbildung 6.22: Vergleich der Mitarbeiterbeteiligung bei Kompetenzfeststellung und -management

Nicht nur bei Berufseinsteigern und den jüngeren Mitarbeitern, sondern auch bei den wenigen Nennungen im Bereich der Mitarbeiter über 45 Jahre, sind die Anteile beim Kompetenzmanagement generell höher. Es scheint so, dass die Unternehmen hier, im Vergleich zur regelmäßig oder gelegentlich stattfindenden Kompetenzfeststellung, bewusster zwischen den Mitarbeitergruppen differenzieren. Während die Aussage, dass es keine entsprechenden Maßnahmen im Unternehmen gibt, beim Kompetenzmanagement häufiger vorkam, fällt der Anteil der Unternehmen, die keine Angaben machen, in diesem Bereich deutlich geringer aus als im Bereich der Kompetenzfeststellung.

Die bereits dargestellte Frage nach Maßnahmen zur Beseitigung von Kompetenzdefiziten wurde ebenfalls um die Frage nach der Beteiligung der unterschiedlichen Mitarbeitergruppen ergänzt. Auch in diesem Fall waren Mehrfachnennungen möglich, so dass insgesamt 259 Nennungen 100 Prozent bildeten. Inhaltlich geben lediglich 18 Prozent der Unternehmen an, alle Mitarbeiter in diese Maßnahmen zur gezielten Kompetenzentwicklung, mit einzubeziehen. 49

Prozent konzentrieren sich hierbei auf Berufseinsteiger und jüngere Mitarbeiter. Ein Viertel der Unternehmen berücksichtigt, nach eigener Aussage, explizit Mitarbeiter über 45 Jahre. Der Anteil „keine Angaben“ ist mit 10 Prozent vergleichsweise gering, wobei wiederum angenommen werden kann, dass diese Unternehmen tendenziell keine Angaben machen, da die Mitarbeiterbeteiligung entsprechend selektiv erfolgt oder grundsätzlich gering ist. Auch wenn insgesamt nur sehr selten von der Möglichkeit offener Ergänzungen Gebrauch gemacht wurde, sind einzelne Antworten zu verzeichnen, die diese sehr enge Eingrenzung einer spezifischen Mitarbeitergruppe verdeutlichen. Die Verteilung der Antworten zeigt, dass die großen Unternehmen, mit über 1000 Mitarbeitern, häufiger alle Arbeitnehmer in die Maßnahmen zur Reduktion von Kompetenzdefiziten mit einbeziehen. Kleine und mittlere Unternehmen scheinen hierbei stärker zu selektieren.

Die Differenzierung zwischen Ist- und Sollkompetenzen war im Weiteren Anlass für die Befragung der Unternehmen zum Selbst- und Fremdbild der Mitarbeiter in den unterschiedlichen Altersgruppen. Die Frage:„Wissen die Mitarbeiter welche Kompetenzen bei der Ausführung ihrer Stelle gefordert sind?“ war dabei in die Bereiche der fachlichen und überfachlichen Anforderungen unterteilt. Die Unterscheidung zwischen den beiden Altersgruppen, unter bzw. über 45 Jahre, machte ersichtlich, dass jüngere Mitarbeiter die betrieblichen Anforderungen tendenziell etwas besser einschätzen.

In 94 Prozent der Fälle gehen Unternehmen davon aus, dass die jüngeren Mitarbeiter die fachlichen Anforderungen der Stelle kennen. Bei der Gruppe der Mitarbeiter über 45 Jahre liegt der Prozentsatz bei 86 Prozent. Für alle Mitarbeiter ist es aus Sicht der Unternehmen schwieriger, die überfachlichen Anforderungen richtig einzuschätzen. Hier liegen die Werte beider Gruppen knapp unter 60 Prozent der Fälle. Die Arbeitnehmer sind sich damit, nur in etwas mehr als der Hälfte der Fälle, den überfachlichen Anforderungen der Stelle und des Arbeitsgebers bewusst. Dienstleistungsunternehmen und der Handel schätzen das Wissen der überfachlichen Anforderungen dabei besser ein als die Industrie, die den Mitarbeitern dagegen im Bereich der fachlichen Anforderungen ein besseres Einschätzungsvermögen bescheinigt.

Weiter wurden die Unternehmen um Ihre Einschätzung des Engagements der Mitarbeiter in den beiden Altersgruppen hinsichtlich der Weiterentwicklung der persönlichen Kompetenzen, gebeten. Bei den sechs vorgegebenen Antwortmöglichkeiten wurden wiederum Mehrfachnennungen zugelassen, so dass das Ergebnis 279 bzw. bei der Gruppe der älteren Mitarbeiter 257 Einzelnennungen wiederspiegelt. In Abbildung 6.23 ist die Verteilung der Antworten dargestellt. Die blauen Balken beschreiben hier die Antwortverteilung der jüngeren Mitarbeiter, während die dunkelgrünen Balken die Einschätzung der Mitarbeiter in der zweiten Berufslebenshälfte wiedergeben.

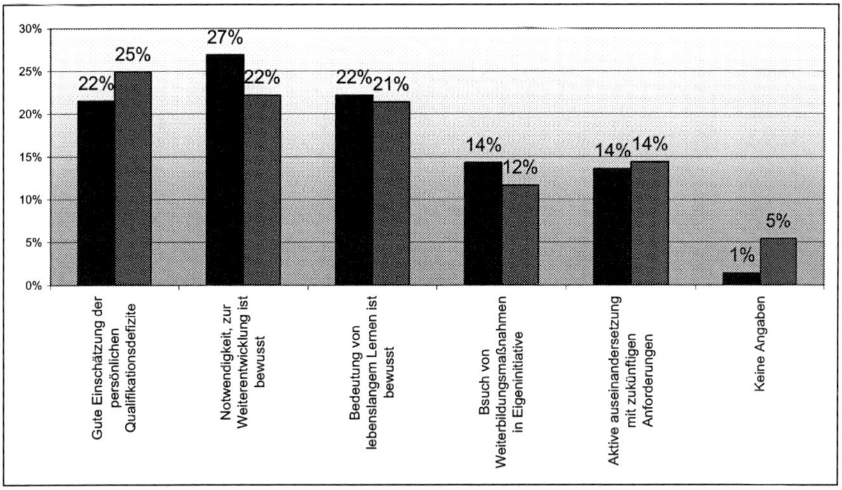

Abbildung 6.23: Vergleich des Engagements zur persönlichen Weiterentwicklung

Die Befragten geben in ca. 60 Prozent der Fälle an, dass die Mitarbeiter persönliche Qualifikationsdefizite gut einschätzen können. Jüngere Mitarbeiter erkennen darin, etwas häufiger als ihre älteren Kollegen, die Notwendigkeit, die eigenen Kompetenzen weiterzuentwickeln. Beiden Mitarbeitergruppen ist in knapp 60 Prozent der Unternehmen die hohe Bedeutung von lebenslangem Lernen bewusst und Weiterbildungsmaßnahmen werden auf Eigeninitiative hin besucht, aber wiederum etwas häufiger von den jüngeren Mitarbeitern. Beide Mitarbeitergruppen setzen sich, in 36 Prozent der Unternehmen, mit zukünftigen Anforderungen auseinander. Bei der Gruppe der älteren Mitarbeitern machten Unternehmen deutlich häufiger keine Aussagen, was den Rückschluss nahe legt, dass diese tendenziell weniger persönliches Engagement für die eigene Weiterentwicklung zeigen, die Unternehmen dies aber nicht direkt zum Ausdruck bringen möchten.

Aufgrund der Ergebnisse der Voruntersuchung, die zeigte, dass ältere Mitarbeiter in hohem Umfang über für die Unternehmen wichtiges und wertvolles Wissen und wettbewerbsentscheidende Kompetenzen verfügen, setzte die anschließend dargestellte Frage einen Schwerpunkt bei der Vermittlung und Weitergabe dieser Potenziale. Die Unternehmen wurden hierzu gefragt, ob sie den verschiedenen Mitarbeitergruppen Qualifizierungsangebote, die auf den Umgang und die Weitergabe von Wissen abzielen, vorschlagen. Die Antwortverteilung zeigte, dass hier nicht das Alter der Mitarbeiter, sondern deren Expertenstatus für eine Differenzierung ausschlaggebend ist. 50 Prozent der Unternehmen bieten entsprechende Qualifizierungen für Mitarbeiter mit spezifischen Fachkompetenzen an. In weiteren 53 Prozent der Unternehmen werden diese Qualifizierungsangebote für alle Mitarbeiter geöffnet. Qualifizierungen zum Umgang mit Wissen und Kompetenzen werden, für die jüngeren Mitarbeiter, von ebenfalls knapp der Hälfte der Betriebe angeboten. Auf die Gruppe der älteren Mitarbeiter entfällt, mit knapp 40 Prozent der Nennungen, die geringste Häufigkeit.

Bei der Frage nach der Akzeptanz bzw. positiven Bewertung des Kompetenzmanagements der Mitarbeiter, zeigt sich ebenfalls ein deutlicher Unterschied zwischen den beiden Altersklassen. Genau die Hälfte der Unternehmen geht von einer positiven Wahrnehmung der Instrumente und Maßnahmen des Kompetenzmanagements aus. Immerhin ein gutes Drittel vermutet ein positives Feedback der Berufseinsteiger und der jüngeren Mitarbeiter. In nur sechs Prozent der Unternehmen bewerten Mitarbeiter in der zweiten Berufslebenshälfte das Thema Kompetenzmanagement positiv. 20 Prozent der Unternehmen machen keine Angaben zur Akzeptanz und legen damit die Vermutung nahe, dass noch größere Teile der Belegschaften Kompetenzmanagement eher negativ wahrnehmen. Die in Abbildung 6.24 dargestellte prozentmäßige Verteilung der Antworten zeigt, dass es drei Unternehmen gab, nach deren Einschätzung keine Mitarbeitergruppe das Kompetenzmanagement positiv bewertet.

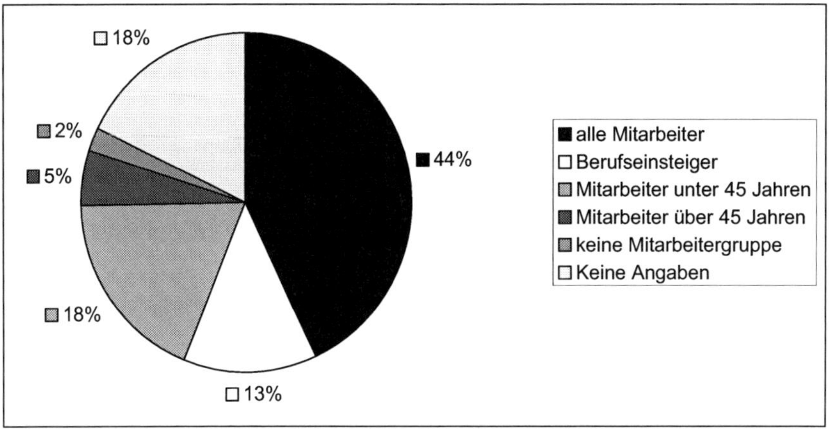

Abbildung 6.24: Positive Wahrnehmung des Kompetenzmanagements durch die Mitarbeiter

Den Abschluss des Fragebogens bildete die Bitte um eine Einschätzung der Unternehmen zur Entwicklung des Umgangs mit Mitarbeitern und deren Kompetenzen in den letzten Jahren. Bei den sechs zur Wahl stehenden Antwortvarianten waren Mehrfachnennungen möglich aus denen sich die Häufigkeit der abgebildeten Verteilung in den Unternehmen ergab.

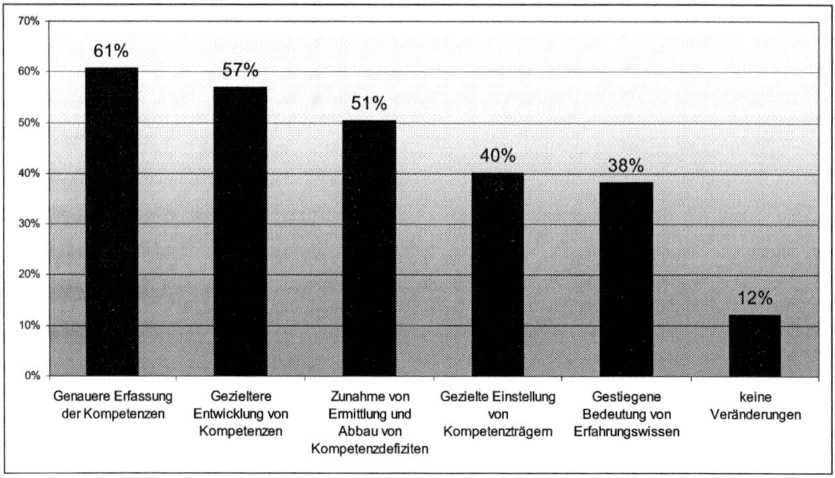

Abbildung 6.25: Veränderungen im Umgang mit Mitarbeiterkompetenzen

In 61 Prozent der befragten Unternehmen werden Mitarbeiterkompetenzen seit einigen Jahren genauer erfasst und 57 Prozent entwickeln diese gezielter weiter. Kompetenzdefizite werden hierzu in der Hälfte der Betriebe ermittelt und dann abgebaut. 15 Prozent der Antworten entfielen auf die Antwortmöglichkeit, Kompetenzträger seit einigen Jahren gezielt neu einzustellen. Damit wählen 40 Prozent der Unternehmen diese Strategie. 38 Prozent sehen in dem Erfahrungswissen älterer Mitarbeiter eine zunehmend wichtige Ressource. In 12 Prozent der Unternehmen gab es im Umgang mit Mitarbeiterkompetenzen keine Veränderungen.

Unternehmen unter 500 Mitarbeiter bewerten Kompetenzdefizite und deren gezielten Abbau weniger dringend als die Unternehmen zwischen 500 und 1000 Mitarbeitern. Diese Unternehmensgruppe sieht grundsätzlich die größten Veränderungen im Umgang mit Mitarbeiterkompetenzen und ist bei der gezielten Einstellung von Kompetenzträgern und der Höherbewertung des Erfahrungswissens der älteren Mitarbeiter führend.

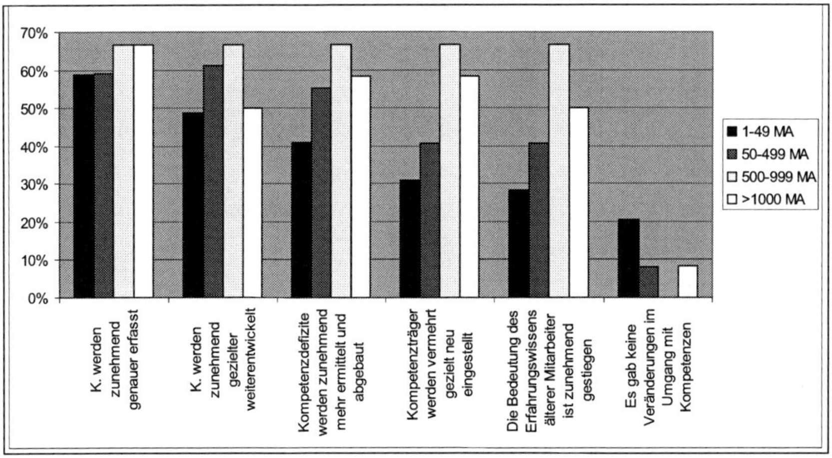

Abbildung 6.26: Veränderungen im Umgang mit Mitarbeiterkompetenzen nach Unternehmensgrößenklassen

6.4.3.2 Ergebnisse der vertiefenden Interviews

Die Gespräche zeigten, dass die *Unterscheidung von Mitarbeitergruppen* in der Praxis oft nicht anhand des Alters, sondern *aufgrund der Führungsverantwortung* vorgenommen wird. Bei Führungskräften werden in einem Unternehmen beispielsweise die *Kompetenzen grundsätzlich differenzierter* betrachtet und entwickelt. Andere Unternehmen identifizieren die Mitarbeiter, die über *entscheidende Kernkompetenzen für die Wettbewerbsfähigkeit des Unternehmens verfügen* und legen bei dieser Mitarbeitergruppe besonderen Wert auf ein entsprechendes Kompetenzmanagement.

Ein Interviewpartner verdeutlicht, dass ab einer bestimmten *Hierarchieebene* persönliche Kompetenzen, vor allem im Führungsbereich, sowie die emotionale Kompetenz der Mitarbeiter, eine entscheidende Rolle spielen und daher entsprechend gefördert werden. Vor diesem Hintergrund stehen, bei zwei der Unternehmen, in den *ersten Berufsjahren die Entwicklung der fachlichen und methodischen Kompetenzen im Vordergrund und die soft skills werden, mit zunehmender Bedeutung, nach und nach in das Kompetenzmanagement integriert.* Hierbei ist allerdings zu beachten, dass dies dennoch früh genug geschehen muss, da mit 35 bis 39 Jahren die *Persönlichkeitsentwicklung bei den meisten Menschen so weit gefestigt und abgeschlossen ist, dass neue Entwicklungsrichtungen nur noch begrenzt möglich sind.*

Nach Einschätzung dieser Interviewpartner nimmt *ab Mitte 40 auch die Bereitschaft der Mitarbeiter, intensiv in einen Entwicklungsdialog einzusteigen, ab und das Feedback wird tendenziell nicht mehr so gut angenommen.* Oft ist in diesem Alter aber auch bereits ein sehr *hohes Entwicklungsniveau des Mitarbeiters erreicht, so dass aus der Sicht des Kompetenzmanagements die Herausforderung nun darin liegt, dieses möglichst lange konstant hoch zu halten* und die gezielte Entwicklung ausgewählter Bereiche der sozialen Kompetenzen weiterhin zu fördern. *Fach- und Führungskräfte gehören ab 45 Jahren oft zu den Leistungsträgern des Unternehmens, die über wettbewerbsentscheidende Kompetenzen verfügen. Neben der Aufrechterhaltung der Leistungsfähigkeit ist es daher wichtig, diese Mitarbeiter nicht mehr vor weiter steigende Anforderungen zu stellen, sondern ihr Wissen für die Einarbeitung und Entwicklung jüngerer Mitarbeiter zu nutzen und so sicherzustellen, dass die Kompetenzen nicht verloren gehen.*

Es gab bei der Einschätzung der Relevanz der unterschiedlichen Kompetenzbereiche auch Aussagen, die deutlich machten, dass fachliche Kompetenzen für Kompetenzmanagementkonzepte eine stark untergeordnete Rolle spielen, da diese einfach festzustellen und zu entwickeln sind. Grundsätzlich ist beim Kompetenzmanagement zu berücksichtigen, dass *junge Mitarbeiter im Allgemeinen eher karriereorientiert* denken, während *ältere Mitarbeiter ein verstärktes Interesse an persönlich hoch bewerteten Kompetenzbereichen* haben und diese im Vordergrund von Entwicklungsengagement sehen. Die Erfahrung einiger

Interviewpartner zeigt, dass *jüngere Mitarbeiter tendenziell Neuerungen und Veränderungen aufgeschlossener gegenüberstehen,* als dies bei älteren Kollegen der Fall ist. Ein Gesprächspartner argumentierte, dass diese Grundeinstellung das Verhalten nicht verändert, da *ältere Mitarbeiter aus der eigenen Erfahrung wissen, wie überlebensnotwendig Veränderungsanpassungen* an neue Marktgegebenheiten für das Unternehmen sind und diese daher mittragen. Zudem ist, nach Aussage eines Interviewpartners, festzustellen, dass mit steigender Hierarchiestufe und damit *komplexeren Tätigkeiten die Bereitschaft zur Weiterentwicklung zunimmt und auch in der zweiten Berufslebenshälfte konstant bleibt.*

Das Ergebnis der schriftlichen Befragung zeigte, dass die richtige Einschätzung der überfachlichen und fachlichen Anforderungen bei jüngeren Mitarbeitern etwas ausgeprägter ist. Die Interviewpartner *bestätigten dieses Ergebnis* bzw. verstärkten sogar noch dessen Aussage in einem Gespräch. In einem Unternehmen wurden jedoch auch gegensätzliche Erfahrungen gemacht, da hier die älteren Mitarbeiter Anforderungen realistischer einschätzen.

Ein Unternehmensvertreter berichtet, dass bei *Weiterbildungsmaßnahmen* zur Führungskräfteentwicklung gute Erfahrungen mit denjenigen Gruppen gemacht wurde, die nach dem Alter aufgeteilt waren. Aufgrund der separaten Maßnahmen für erfahrene Manager und jüngere Führungskräfte konnten eine ausgesprochen hohe Akzeptanz und ein guter Lernerfolg in beiden Mitarbeitergruppen realisiert werden. Bei älteren Mitarbeitern ist bei der Vermittlung von Kompetenzdefiziten mehr *Diplomatie* gefragt. Um sie für die Maßnahmen des Kompetenzmanagements zu gewinnen gilt es, *den Nutzen aufzuzeigen und Barrieren vor neuen Instrumenten abzubauen.* Hierbei kommt wiederum dem Vorgesetzten eine Schlüsselrolle zu. *Jüngere Mitarbeiter akzeptieren Kompetenzmanagementkonzepte leichter*, aber auch hier *muss der direkte Vorgesetzte motivative Unterstützung leisten und sollte die Mitarbeiter für die persönliche Weiterentwicklung begeistern.*

Die Mehrheit der Interviewpartner betonte die *gestiegene Bedeutung der Mitarbeiterkompetenzen* und damit auch des Kompetenzmanagements. Aufgrund des *steigenden Durchschnittsalters* und der veränderten Alterszusammensetzung der Belegschaften, werden die *Kompetenzen der Mitarbeiter in vielen Unternehmen neu bewertet*. Ein Interviewpartner berichtete, analog zu den Ergebnissen in der Voruntersuchung, dass der Bereich des *Personalmarketings deutlich intensiviert* wurde, um Personal- und Kompetenzengpässen mit neuen Mitarbeitern des externen Arbeitsmarktes besser begegnen zu können. Trotz dieser Strategie *setzt das Unternehmen zusätzlich auf die Professionalisierung des Kompetenz- und Wissensmanagements, um wettbewerbsentscheidende Kompetenzträger auch aus den eigenen Reihen entwickeln zu können*. Ein weiterer Unternehmensvertreter führte aus, dass sich durch die Intensivierung des Kompetenzmanagements der *Blick für Mitarbeiterpotenziale in den letzten Jahren geschärft* hat. Auch sind gerade *Mitarbeiter in der zweiten Berufslebenshälfte dabei stärker in den Fokus gerückt*.

6.5 Studienergebnisse des Fraunhoferinstituts

Das Fraunhofer Institut Arbeitswirtschaft und Organisation hat in einer Studie im Jahr 2006 die Leistungsfähigkeit des Kompetenzmanagements als Steuerungsinstrument der steigenden und immer komplexeren Anforderungen an Unternehmen und Mitarbeiter untersucht. Einige der Ergebnisse des Stuttgarter Forschers Hartmut Buck bestätigen oder bekräftigen die in der empirischen Untersuchung gewonnenen Ergebnisse, andere fügen diesen neue Aspekte hinzu.

Während bei der, für diese Arbeit angefertigten Untersuchung das Alter der Mitarbeiter die Determinante für die Unterteilung von Mitarbeitergruppen war, unterscheidet die Frage nach der Kompetenzfeststellung des Fraunhoferinstituts in die beiden Gruppen Führungskräfte und Mitarbeiter. Die Antworten zeigen, dass bei den Führungskräften Zielvereinbarungen und Leistungsbeurteilungen das häufigste Instrument sind, während bei den Mitarbeitern das Entwicklungsgespräch an erster Stelle steht. Kompetenzmanagement ist bei den Führungskräften ergebnisorientierter angelegt.

Die Studie des Fraunhoferinstituts, in deren Rahmen 149 Personalverantwortliche befragt wurden, zeigt weiter, dass nur ein Drittel der Unternehmen die Kompetenzen der Mitarbeiter regelmäßig eruiert. Wie auch durch die Untersuchung der vorliegenden Arbeit ersichtlich wurde, hat die Mehrheit der Unternehmen die strategische Bedeutung des Kompetenzmanagements noch nicht ausreichend erkannt und die Kompetenzerhebungen finden überwiegend ohne Ermittlung und Gegenüberstellung der Soll-Profile statt. Zwar geben bei der Befragung des Fraunhoferinstituts zwei Drittel der Unternehmen an, zur Ermittlung zukünftig relevanter Kompetenzen den Markt kontinuierlich zu beobachten. Neben der Beobachtung kommen aber kaum Instrumente zur zielgerichteten Erfassung der zukunftsrelevanten Kompetenzen zum Einsatz.

Zwei weitere Resultate der empirischen Untersuchung werden durch das Fraunhoferinstitut bestätigt: Zum Abbau auftretender Kompetenzdefizite wird am häufigsten eine Einweisung am Arbeitsplatz vorgenommen. Direkte Vorgesetzte spielen im Prozess des Kompetenzmanagements eine Schlüsselrolle und sind von zentraler Bedeutung. Aufgrund der anderen Unterteilung der Mitarbeitergruppen ergänzt die Studie die Ergebnisse zur Einschätzung der betrieblichen Anforderungen und des Entwicklungsbedarfs durch die Mitarbeiter. Führungskräfte können ihre Mitarbeiter hierbei besser einschätzen als sich selbst (vgl. Mühlenhoff, Buck 2006).

6.6 Fazit: Handlungsfeld Kompetenzmanagement - Optimierungsbedarf unter Einbindung aller Mitarbeiter

Auch wenn Unternehmen den Kompetenzen der Mitarbeiter und deren Erfassung und Entwicklung heute mehr Bedeutung beimessen, zeigen sich, durch die empirische Untersuchung und die ergänzend dargestellte Studie des Fraunhoferinstituts, in den Unternehmen noch zahlreiche Handlungsfelder. Die Kompetenzen von Mitarbeitern werden noch zu wenig als strategisches Potenzial erkannt. Im Zuge der angezeigten Professionalisierung des strategischen Personalmanagements muss das Kompetenzmanagement weiter systematisiert werden und einen höhere Stellenwert erhalten. Voraussetzung für jegliche Strategieorientierung und –unterstützung ist eine verstärkte Abstimmung der strategischen Unternehmens- und Personalplanung. Instrumente hierzu müssen sich zum einen in den Unternehmen weiter etablieren und die Erfolgsfaktoren, die in Kapitel 7 herausgearbeitet werden, müssen stärkere Beachtung finden.

Mitarbeiter in der zweiten Berufslebenshälfte werden, quantitativ betrachtet, in zu geringem Umfang im Kompetenzmanagementprozess, der laufbahnbegleitend alle Mitarbeiter umfassen sollte, beteiligt. Diese Beteiligung hat allerdings notwendigerweise auch eine qualitative Komponente, da bei der Gruppe der älteren Mitarbeiter einige Erfolgsfaktoren des Kompetenzmanagements eine verstärkte Rolle spielen und daher besonders berücksichtigt werden sollten, wie es in Kapitel 7 dargestellt wird.

KAPITEL 7

Handlungsansätze und Gestaltungsempfehlungen

INHALT:

Dieses letzte Kapitel leitet aus den vorhergegangenen Inhalten Gestaltungsempfehlungen für die Praxis ab. Mit dieser Arbeit wurden sowohl theoretische als auch praktische Zielsetzungen verfolgt. Nach der Auseinandersetzung mit der Literatur zu den verschiedenen Aspekten der Fragestellung der Arbeit, versucht die empirische Untersuchung einem praktisch-normativen Anspruch gerecht zu werden. Die in diesem Kapitel dargestellten Ergebnisse sollen zur Bewältigung praktischer Problemstellungen in den Unternehmen beitragen. Hierzu werden im Folgenden, aus den Erkenntnissen des Theorieteils und den Ergebnissen der empirischen Untersuchung, Gestaltungsempfehlungen abgeleitet, die in ein verdichtetes Faktorenmodell überführt werden. Dieses Modell enthält vier für den zukünftig erfolgreichen Einsatz des strategischen Kompetenzmanagements zentralen Faktoren und führt als Schlüsselfaktor das innovative Konzept der Kompetenzkultur ein.

Die Gestaltungsempfehlungen sind als vorläufige und wirtschaftsraumbezogene Handlungshinweise zu verstehen, die durch weitere Forschungsprojekte zusätzlich überprüft und präzisiert werden können und müssen. Die Gestaltungsempfehlungen spiegeln die Schwerpunktsetzung der Verfasserin wieder und zeigen dabei Ansätze auf, die bei der Umsetzung in der betrieblichen Praxis unternehmensspezifisch angepasst werden müssen.

AUFBAU:

In diesem letzten Kapitel werden die Ergebnisse der empirischen Untersuchung verdichtet. Anhand von unterschiedlichen Handlungsfeldern stellen die einzelnen Unterkapitel die Gestaltungsansätze für die Praxis dar. Diese Gestaltungsansätze beruhen auf den Ergebnissen der Interviews und den Gesamtergebnissen der Untersuchung und sind auf der Grundlage aller gewonnenen Erkenntnisse, in den Augen der Verfasserin, für den Erfolg des Kompetenzmanagements elementar. Der erste Unterpunkt enthält grundsätzliche Erfolgsfaktoren, während die weiteren Gliederungspunkte auf unterschiedliche Problemstellungen und Herausforderungen des Kompetenzmanagements eingehen und hierbei für die Erkenntnisse der Arbeit zusammenfassende Gestaltungsempfehlungen liefern, die in dem abschließenden Modell subsumiert werden.

7.1 Erfolgsfaktoren des Kompetenzmanagements

Kompetenzmanagement ist wie in Kapitel 5 gezeigt ein Prozess. Der erste Erfolgsfaktor besteht vor diesem Hintergrund darin, nicht auf Einzelmaßnahmen und, wie bei einem großen Teil der befragten Unternehmen der Fall, unregelmäßige und unsystematische Konzepte zu setzen. **Erfolgreiches Kompetenzmanagement** braucht **Langfristigkeit und Kontinuität**. Nur wenn die **Kompetenzprofile der Mitarbeiter regelmäßig ermittelt und konsequent entwickelt** werden, ist der Nutzen für das Unternehmen gegeben. Kontinuität ist dabei sogar in **doppelter Hinsicht von zentraler Bedeutung**, da nur die stetige Umsetzung des Kompetenzmanagements zu einer hohen **Akzeptanz** von Mitarbeiterseite und zu den gewünschten **positiven Effekten auf die Lern- und Anpassungsfähigkeit** führt. Um die Mitarbeiter für eine aktive Beteiligung zu gewinnen, müssen sie für das Thema Kompetenzmanagement **sensibilisiert** und von dessen Nutzen überzeugt werden. Dabei gilt es, neben dem Nutzen für das Unternehmen, auch den **Gewinn für die jeweiligen Mitarbeiter transparent** zu machen.

Transparenz ist einer der weiteren Erfolgsfaktoren für die Umsetzung von jedem Kompetenzmanagementkonzept oder –system. Nicht nur **alle Personalverantwortlichen und Führungskräfte** müssen die **Ziele, Prozessschritte und Instrumente des Kompetenzmanagements kennen, sondern alle Mitarbeiter** müssen über diese Punkte informiert werden. Transparenz bedeutet auch Kompetenzmanagement als Instrument für die Karriereplanung zu verstehen und diese beiden Bereiche zum einen aufeinander abzustimmen und zum anderen mit ihren Inhalten an die Mitarbeiter zu kommunizieren.

Mögliche **Karrierepfade** im Unternehmen werden so **für die Mitarbeiter sichtbar**. Die Mitarbeiter können damit für die Entwicklung von Karrierestrategien motiviert werden und die **Entwicklungsziele des Kompetenzmanagements werden mit den persönlichen Entwicklungszielen verknüpft**. Diese **Verknüpfung von Unternehmens- und Mitarbeiterzielen** verbessert das Eigenengagement der Mitarbeiter und verankert, als weiterer Erfolgsfaktor, das Kompetenzmanagement auf den Mitarbeiterebenen.

Kontinuität bedingt **Regelmäßigkeit** beim Einsatz der einzelnen Kompetenzmanagementinstrumente. Unvorhersehbare Unregelmäßigkeiten und durch unsystematische Wiederholung bedingte, lange Zeitabstände verringern die Effektivität und den Zielerreichungsgrad des Kompetenzmanagements in entsprechendem Ausmaß. Auf Führungskräfte wie Mitarbeiter wirkt der **konstante und vorhersehbare Einsatz der Kompetenzmanagementinstrumente vertrauensbildend**.

Die beiden letzten grundsätzlichen Erfolgsfaktoren des Kompetenzmanagements lassen sich mit den Begriffen **„Nutzenvielfalt“ und „Einfachheit“ bzw. „Konzentration“** beschreiben. Es ist hilfreich, wenn **durch den Kompetenz-**

managementprozess ein vielfältiger Nutzen realisiert werden kann. Dies kann bei der Entscheidung ein Kompetenzmanagementsystem aufzubauen oder einzuführen durchaus die Eintrittsbarriere in ein Unternehmen darstellen. Umfassendes strategisches Kompetenzmanagement sollte nicht nur den systematischen Abgleich von Ist- und Sollprofilen und aus Diskrepanzen resultierende Kompetenzentwicklungen ermöglichen. Durch den **Einsatz und die Kombination verschiedener Kompetenzmanagementinstrumente** sollte Kompetenzmanagement auch Aspekte wie beispielsweise die Nachfolgeplanung oder strukturierte Mitarbeitergespräche umfassen und abdecken. Hierdurch bringt **ein Prozess** nicht nur **verschiedenen Nutzen**, sondern **verhindert** auch ein **unabgestimmtes Nebeneinander konkurrierender Personalmanagementinstrumente**.

Strategisches Kompetenzmanagement soll helfen die vielfältigen, unternehmensexternen wie –internen **Komplexitäten** zu **reduzieren**. Der Verzicht auf unnötige Komplexität des Kompetenzmanagements ist daher für die betriebliche Praxis wünschenswert und positiv zu sehen. **Einfachheit** ist nicht nur bei der Konzeption und Gestaltung des Prozesses, sondern auch bei der Definition der Kompetenzdimensionen und deren Untergliederung, sowie bei der Umsetzung durch verschiedene Instrumente gefragt. Für eine erfolgreiche Umsetzung sollten lieber weniger Kompetenzen abgebildet und entwickelt werden und eine Konzentration auf die erfolgsentscheidenden Kernkompetenzen des individuellen Unternehmens im Vordergrund stehen. Durch diese **umsetzungs- und unternehmensorientierte Anforderung der Reduktion, Klarheit und Verständlichkeit** bleibt Kompetenzmanagement unkompliziert, was die nötige Einbeziehung der Führungskräfte erleichtert und eine effizienten Umgang mit diesen wertvollen Ressourcen sicherstellt.

Die beiden letzten Erfolgsfaktoren bilden ein Spannungsfeld, da Reduktion und Einfachheit den großen Nutzen des Kompetenzmanagements einschränken könnten. Das Bemühen, Kompetenzmanagement möglichst umfassend zu konzipieren und hierdurch die integrierte Abstimmung verschiedener Instrumente sowie einen vielfältigen Nutzen zu erreichen, kann zu komplexen Prozessen und Vorgängen führen und einen erheblichen Verwaltungsaufwand nach sich ziehen. Es scheint möglich, diesen gegenläufigen Anforderungen durch den Einsatz intelligenter Datenbank und EDV-Lösungen begegnen zu können, dennoch sollten Komplexitäten nicht überhand nehmen.

Abbildung 7.1: Spannungsfeld des Kompetenzmanagements

Im Rahmen dieser Arbeit konnten keine Lösungsansätze für das so entstandene Spannungsfeld generiert werden. Eine Untersuchung hierzu müsste auf der Ebene des Einsatzes konkreter Kompetenzmanagementsysteme in den Unternehmen ansetzen. Die mögliche Gegenläufigkeit der beiden beschriebenen Erfolgsfaktoren stellt ein Feld offener Forschungsfragen dar, die zur Generierung von Gestaltungsempfehlungen entsprechend bearbeitet werden müssten.

7.2 Schlüsselrolle des direkten Vorgesetzten

Der direkte Vorgesetzte spielt aus verschiedenen Gründen eine zentrale Rolle für die erfolgreiche Implementierung und Umsetzung des strategischen Kompetenzmanagements. Zum einen haben Vorgesetzte eine wichtige Vorbildsfunktion und können durch ihre Teilnahme an Kompetenzmanagementinstrumenten Mitarbeiter hierfür leichter gewinnen, von dem Nutzen überzeugen und zu Eigenengagement motivieren. Zum anderen kann nur durch die Integration der Führungskräfte und die hierdurch mögliche dezentrale Umsetzung der strategischen

Zielsetzung dem strategieorientierten Kompetenzmanagement entsprochen werden. Nur wenn die Unternehmensstrategie konsequent auf das Human Ressourcen Management übertragen wird und durch die Führung der direkten Vorgesetzten an die Mitarbeiter weitergegeben wird, kann diese Strategieorientierung zu Wettbewerbsvorteilen führen.

Kompetenzmanagement lebt nicht nur von der Konzeption der Prozesse und der konsequenten, wie regelmäßigen Umsetzung aller Bestandteile, sondern benötigt auch einen emotionalen Faktor. Wirklich erfolgreich kann Kompetenzmanagement nur sein, wenn die Vorgesetzten und Mitarbeiter nicht nur faktisch überzeugt, sondern auch begeistert sind. Emotionalität kann nur durch Menschen und deren Interaktion entstehen. Somit ist die emotionale Kompetenz der Vorgesetzten, aber auch ihre Führungskompetenz prägend für die Umsetzung des Kompetenzmanagements, das durch den in der Praxis hohen Stellenwert der Mitarbeitergespräche etc. eng mit der Mitarbeiterführung zusammenhängt. Nur eine Mitarbeiterführung, die Werte vermittelt, Sinnhaftigkeit und Orientierung schafft, kann den Rahmen für die Abstimmungsprozesse zwischen Unternehmenszielen und Mitarbeiterkompetenzen bilden.

7.3 Herausforderungen des strategischen Personalmanagements

Strategisches Kompetenzmanagement ist ein Prozess der den Einsatz unterschiedlicher Instrumente zur Ermittlung, Entwicklung und Nutzung von Mitarbeiterkompetenzen umfasst. Die Abstimmung aller zum Einsatz kommenden Instrumente des Personalmanagements und die Strategieorientierung des Human Ressourcen Managements ist für den Erfolg unabdingbar. Dies muss bei der Konzeption des Kompetenzmanagements, aber auch bei dessen Umsetzung immer wieder Berücksichtigung finden. Die Instrumente müssen nicht nur anschlussfähig sein und verknüpft werden, sondern sollten, eben durch diese Verknüpfung, die optimale Zielerreichung sicherstellen.

7.4 Notwendige Voraussetzungen: Strategische Unternehmensplanung und Unternehmenskultur

Voraussetzung für jedes erfolgreiche Kompetenzmanagementkonzept ist die Unterstützung durch die Unternehmensspitze. Inhaber, Geschäftsführer oder Vorstände müssen die Bedeutung der Mitarbeiterkompetenzen sowie deren Ermittlung, Entwicklung und Nutzung erkennen und dem Thema für das Gesamtunternehmen entsprechende Priorität verleihen. Kompetenzmanagement darf kein Projekt der Personalabteilung sein, sondern braucht neben der Unternehmensleitung die breite Unterstützung aller Personalverantwortlichen und Führungskräfte im Unternehmen. Kompetenzmanagementkonzepte dürfen dabei nicht als „nice to have" verstanden werden, sondern die zentrale Bedeutung für die Sicherung der Wettbewerbsfähigkeit des Unternehmens muss verstanden und umgesetzt werden.

Die zur Realisierung dieser Wettbewerbsvorteile nötige strategische Ausrichtung kann nur durch den Paradigmenwechsel von der Personalarbeit zum Human Ressourcen Management realisiert werden. Um Kompetenzmanagement strategisch aufstellen zu können, benötigen Unternehmen als Grundlage eine systematische und vorausschauende Unternehmensplanung. Diese Planung darf nicht aus unsystematischer Marktbeobachtung bestehen, sondern sollte strukturiert mit geeigneten Instrumenten (vgl. Mühlenhoff, Buck 2006, S. 8) durchgeführt werden. Nur so können zukünftig benötigte Mitarbeiterkompetenzen rechtzeitig identifiziert und durch das Kompetenzmanagement entwickelt werden. Wie in Kapitel 5 dargestellt, macht gerade diese Zukunftsorientierung das strategische Kompetenzmanagement und dessen Nutzen für das Unternehmen aus.

Ein weiteres Thema, das für den Erfolg des Kompetenzmanagements elementar ist und das Commitment der Unternehmensspitze voraussetzt, ist die Unternehmenskultur. Wie auch das Kompetenzmanagement stellt die Unternehmenskultur ein System dar, durch das die Entwicklungen im Unternehmen auf die Unternehmensstrategie hin ausgerichtet werden können. Beide Steuerungssysteme haben das Ziel, Komplexitäten zu reduzieren und Transparenz zu schaffen. Gemeinsam ist ihnen auch, dass die Unternehmensführung, das Management und die Führungskräfte die Inhalte als Vorbilder in das Unternehmen transportieren. Die Unternehmenskultur ist zudem eine wichtige Einflussgröße auf das Kompetenzmanagement, da Transparenz und die Verfügbarkeit von Informationen wichtige Voraussetzungen für eine erfolgreiche Selbstorganisation und damit die Entfaltung der individuellen Mitarbeiterkompetenzen sind.

Nutzung, Entwicklung und Absicherung des Kompetenzbestandes werden durch eine offene Unternehmenskultur unterstützt. Stabilität und ein gemeinsames Verständnis der Mitarbeiter zur Zusammenarbeit schaffen den Rahmen für ein erfolgreiches Kompetenzmanagement. Von Werten wie Veränderungsbereitschaft und Lernbegeisterung profitiert die operative Ebene des Kompetenzmanagements. Dagegen wirkt sich eine dominante Unternehmenskultur, die Veränderungen hemmt und organisationale Strukturen versteinert, negativ auf das Kompetenzmanagement aus. Auch der Stellenwert, den das Kompetenzmanagement im Unternehmen einnimmt, wird durch die grundlegenden Unternehmenswerte bestimmt. Inwieweit in einem Unternehmen Menschen und deren Kompetenzen wertgeschätzt werden, hängt stark von der Kultur ab, die von der Unternehmensspitze geprägt und von den Führungskräften getragen wird. Bestimmte Dimensionen der Unternehmenskultur können somit als Voraussetzung für das erfolgreiche Kompetenzmanagement verstanden werden. Unternehmenskultur mit ihren Artefakten, Werten und Prämissen kann strategisches Kompetenzmanagement nicht nur fördern sondern auch begrenzen oder verhindern.

7.5 Erhöhung der Akzeptanz durch generationsübergreifende und laufbahnbegleitende Konzepte

Zum einen darf Kompetenzmanagement nicht nur ein Thema für Führungskräfte sein, sondern muss Fachkräfte genauso berücksichtigen, da diese ebenso über die, für die Wettbewerbsfähigkeit des Unternehmens, entscheidenden Kompetenzen verfügen. Zum anderen dürfen diese Nachwuchskräfte und jüngere Mitarbeiter nicht im Zentrum des Kompetenzmanagements stehen oder hierbei alleinige Berücksichtigung finden. Zur Einbeziehung älterer Mitarbeiter darf es keine Kompetenzmanagementansätze „50 Plus“ geben, die suggerieren, dass diese Mitarbeitergruppe aufgrund eines nachlassenden Kompetenzniveaus eine spezielle Förderung oder Leistungsunterstützung benötigt. Wie auch die ausschließliche Konzentration des Kompetenzmanagements auf jüngere Mitarbeiter, würde ein solcher „integrativer“ Ansatz diskriminierend wirken, da einzelne Mitarbeitergruppen ausgewählt, gesondert behandelt oder ausgeschlossen werden.

Der Fokus darf sich nicht auf die Mitarbeiter in der zweiten Berufslebenshälfte verschieben. Kompetenzmanagement muss alle Mitarbeiter einbeziehen und deren Potenziale, Erwartungen und Interessen berücksichtigen. Der Prozess des Kompetenzmanagements muss dabei rechtzeitig beginnen, da nur durch konstante Entwicklungsschritte die Lern- und Veränderungsbereitschaft der Mitarbeiter geschaffen und erhalten werden kann. Mitarbeiter dürfen daher nicht zu spät in das Kompetenzmanagement integriert werden. Das Human Ressourcen Management ist gefordert das Kompetenzmanagement durch den Einsatz entsprechender Instrumente so zu gestalten, dass ein generationsübergreifender und laufbahnbegleitender Prozess möglich wird.

Die Unterteilung von Mitarbeitergruppen kann für einzelne Maßnahmen des Kompetenzmanagement jedoch sinnvoll sein. So werden erfahrene Manager und jüngere Führungskräfte im Bereich der Führungskompetenzen einen unterschiedlichen Entwicklungsbedarf aufweisen, welchem in verschiedenen Entwicklungsmaßnahmen am besten entsprochen werden kann. In diesem Fall ist es aber unabdingbar, dass der zu der Maßnahme führende Prozess grundsätzlich gleich ist und nur bei einzelnen Maßnahmen, und nicht bei der gesamten Umsetzung des Kompetenzmanagements zwischen den Mitarbeitergruppen, differenziert wird. Kompetenzmanagement als kontinuierlicher, laufbahnbegleitender Prozess muss alle Gruppen der Fach- und Führungskräfte einheitlich einbeziehen und gleichzeitig - aufgrund der berücksichtigten individuellen Kompetenzen, Voraussetzungen, Potenziale und Bedürfnisse - in Einzelaspekte differenziert werden. Das strategische Kompetenzmanagementkonzept und der –prozess bilden damit den Rahmen für die Differenzierungen der Instrumente und Maßnahmen.

Werden Mitarbeiter frühzeitig in ein erfolgreiches Kompetenzmanagement integriert, haben sie in der zweiten Berufslebenshälfte oft ein sehr hohes Kompetenzniveau erreicht, das dann durch die persönlichen Potenziale oder die betrieblichen Gegebenheiten und Anforderungen nicht mehr weiter zu entwickeln ist. Gemäß der Zielsetzung des generationsübergreifenden Kompetenzmanagements muss auch diese Situation in das Gesamtkonzept integriert und durch eine Anpassung der Zielsetzung in die Gesamtstrategie einbezogen werden. Gegenstand des Kompetenzmanagements kann bei Mitarbeitern in der zweiten Berufslebenshälfte auch die möglichst lange Aufrechterhaltung des hohen Kompetenzniveaus sein. Neue Entwicklungsziele die eventuell auch mit dem bei älteren Mitarbeitern höher bewerteten Kompetenzbereichen korrespondieren, können eventuell im Bereich der sozialen und emotionalen Kompetenzen gefunden werden. Mitarbeiter in der zweiten Berufslebenhälfte sollten gezielt für die Kompetenzentwicklung der jüngeren Kollegen eingesetzt werden, worin wiederum neue Anforderungen an die eigenen Kompetenzen begründet sind. Diese können für die älteren Mitarbeiter zum Gegenstand des Kompetenzmanagement werden, welches so generationsübergreifend erfolgreich ist.

7.6 Bedeutungsgewinn des Kompetenzmanagements bei weitere Professionalisierung

Die Gestaltungsempfehlungen dieses Kapitels können abschließend in vier zentrale Faktoren zusammengeführt werden, die durch ihre Kombination einen Innovationsaspekt darstellen. Die Faktoren werden in Abbildung 7.2 in Anlehnung an die Konzeption und Darstellung des Rollenverständnisses der betrieblichen Bildungsarbeit von Schäffner (1991, S. 145) in einer Matrix mit vier unterschiedlichen Polen dargestellt, da dieses Modell die Interdependenzen der Faktorbereiche erfassen kann.

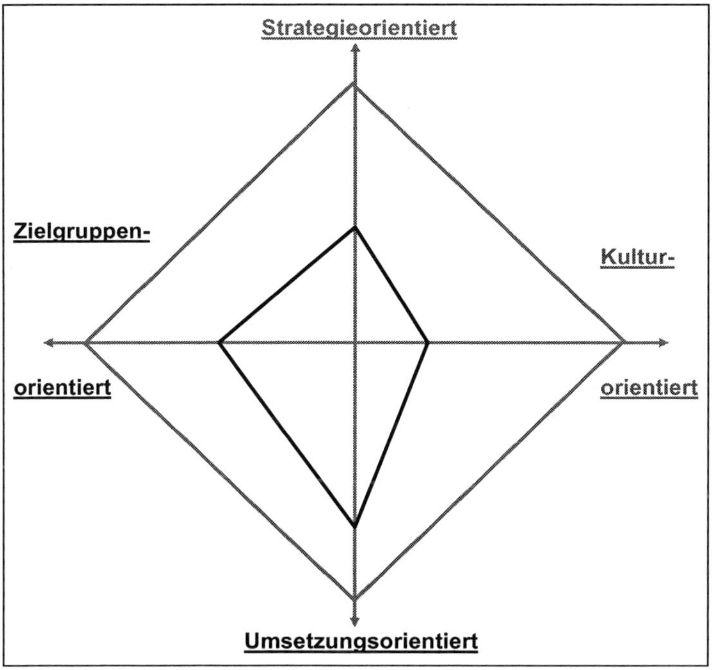

Abbildung 7.2: Faktoren der Professionalisierung des Kompetenzmanagements

Als erster entscheidender Faktor bildet die **Strategieorientierung**, die im Teilkapitel 7.4 argumentativ dargelegt wurde, einen Gegenpool zur **Umsetzungsorientierung**, die sowohl die Reduktion von Komplexitäten, wie auch die Durchgängigkeit des Kompetenzmanagementkonzeptes und die Abstimmung der einzelnen Instrumente umfasst. Die wiederholt herausgehobene Orientierung an den Kompetenzen, Potenzialen, Zielen und Bedürfnissen der Mitarbeiter wird im Rahmen des erarbeiteten Faktorenkonzeptes als **Zielgruppenorientierung** verstanden. Bewusst wird hierbei nicht der Begriff der Mitarbeiterorientierung gewählt, sondern die Zielgruppe als entscheidende Größe definiert, da innerhalb der Mitarbeiter eines Unternehmens unterschiedliche Zielgruppen, wie Fach- und Führungskräfte, ältere Mitarbeiter und jüngere Nachwuchskräfte, Anforderungen an das Kompetenzmanagement stellen, die es zu berücksichtigen gilt. Dieser Fokussierung individueller Gegebenheiten steht der Gegenpol der **Kulturorientierung** gegenüber. Dieser Begriff umfasst alle „soften" Erfolgsfaktoren des strategischen Kompetenzmanagements, die unter den Überschriften Unternehmenskultur, Führungskultur und Emotionalisierung Eingang in dieses abschließende Kapitel gefunden haben und die generationsübergreifende Perspektive des Kompetenzmanagements beinhalten.

Damit strategisches Kompetenzmanagement die Mitarbeiterkompetenzen als zentrale Ressource der Unternehmen zu Wettbewerbsvorteilen machen kann, muss im Unternehmen eine, von der Unternehmensspitze ausgehende, **<u>Kompetenzkultur</u>** herrschen. Diese Kultur muss alle angesprochenen Werte und Prämissen für ein erfolgreiches strategisches, taktisches und operatives Kompetenzmanagement umfassen und durch das Unternehmensmanagement, Geschäftsführer oder Inhaber auf die Führungskräfte übertragen werden. EDV-Programme und Softwarelösungen werden es in Zukunft immer einfacher machen, Unternehmensstrategie und Instrumente der Kompetenzmanagementumsetzung miteinander zu verknüpfen und untereinander abzustimmen. Integrierte Konzepte ermöglichen sowohl die Verwendung aller für jeden Einzelaspekt erfassten Informationen und Daten, als auch die Verwendung für das Gesamtkonzept. Die Dimensionen des menschlichen Verhaltens werden diese Lösungen jedoch nicht erfassen, abbilden oder steuern können. Kompetenzmanagement stellt nicht faktische oder rechnerische Lösungen in den Vordergrund, sondern den Menschen. Menschen benötigen Werte, Sinnhaftigkeit und den Dialog, nicht mit Systemen, sondern mit Menschen. Ältere wie jüngere Mitarbeiter reagieren immer sensibler auf die Kultur von Unternehmen und legen Wert darauf, auch im betrieblichen Kontext als Mensch wertgeschätzt zu werden. Gerade für ältere Mitarbeiter ist es wichtig, dass in der Vergangenheit erbrachte Leistungen geschätzt werden. Diesen Anforderungen können nur Unternehmen gerecht werden, die eine Kompetenzkultur schaffen und pflegen.

Abbildung 7.2 zeigt durch die Gegenüberstellung der optimalen Faktorausprägungen in der äußeren Verbindungslinie die im Rahmen dieser Arbeit entstandene Einschätzung der Verfasserin zur durchschnittlichen Situation in der Praxis, welche durch die innenliegende Verbindungslinie darstellt ist. Der Bereich der Kulturorientierung bietet dabei den größten Gestaltungsraum und ist zugleich die größte Notwendigkeit für die weitere Professionalisierung des Kompetenzmanagements in den Unternehmen. Erfolgreiche Unternehmen werden in ihren Betrieben eine Kompetenzkultur etablieren, die dem strategischen Kompetenzmanagement uneingeschränkt seinen benötigten Stellenwert einräumt. Ansatzpunkte für weitere Forschungsprojekte liegen damit in der Konkretisierung des zukünftigen **Paradigmas der Kompetenzkultur** und in der Überprüfung der Nachhaltigkeit dieses Konzeptansatzes.

7.7 Zukunftsmodell: Generationsübergreifende Kompetenzkultur

Alternde Belegschaften sind kein fernes Zukunftsszenario, sondern bereits heute betriebliche Realität, deren Herausforderungen sich die Unternehmen stellen müssen. Die externen Herausforderungen an diese Unternehmen sind hoch. Im Zuge der Technologisierung und durch die immer kürzer werdenden Halbwertzeiten des Wissens sind, vor allem an personalintensive Technologie- und Dienstleistungsunternehmen, hohe Anforderungen gestellt und erschweren die Sicherung der Wettbewerbsposition am Markt. Dies wird nur Unternehmen gelingen, die Mitarbeiter mit ihren Kompetenzen, Talenten und Potenzialen als zentrale Ressource des Unternehmens verstehen und der Erkennung, Entwicklung und Nutzung dieser Kompetenzen den entsprechenden Stellenwert einräumen. Unternehmensstrategie und Human Ressourcen Management müssen eng miteinander verknüpft werden, damit wettbewerbsentscheidende Mitarbeiterkompetenzen durch das strategische Kompetenzmanagement generiert und gesichert werden können. Auch die Potenziale der Mitarbeiter in der zweiten Berufslebenshälfte, deren Kompetenzniveau und Leistungsfähigkeit durch die kontinuierliche Einbeziehung in das Kompetenzmanagement entscheidend positiv beeinflusst wird, müssen hierfür genutzt werden. Voraussetzung für ein generationsübergreifendes Strategisches Kompetenzmanagement ist die Schaffung einer Kompetenzkultur, die Offenheit und Veränderungsentwicklungen fördert. Diese Kompetenzorientierung ist, neben der Strategieorientierung und den operativen Erfolgsfaktoren der Umsetzung, der entscheidende Erfolgsfaktor des Kompetenzmanagements der Zukunft.

ANHANG

Anhang 1:

Ländertabelle Deutschland

	Dimension	1995	2000	2001	2002	2003	2004	2005	2006	2007	2008	2009	2010	2011	2012	2020	2030	2040	2050
Bevölkerung [1]	Mio.	81,7	82,2	82,3	82,5	82,5	82,5	82,5	82,4	82,3	82,2	82,1	82,0						
Bevölkerung VÄ	v.H.	0,3	0,1	0,2	0,2	0,1	0,0	-0,1	-0,1	-0,1	-0,1	-0,1	-0,1	...	...	...	...	...	...
Bevölkerungsprognose Eurostat 2008 [2]	Mio.	...	...	...	...	...	...	...	...	...	82,2	82,2	82,1	82,1	82,0	81,5	80,2	77,8	74,5
Geburtenrate [3]	je 1000 EW	...	9,3	8,9	8,7	8,6	8,5	8,3	8,2	8,3	...	...	...	...	...	...	...	...	...
Gestorbenenrate [3]	je 1000 EW	...	10,2	10,1	10,2	10,3	9,9	10,1	10,0	10,1	...	...	...	...	...	...	...	...	...
Zusammengefasste Geburtenziffer (TFR) [4]	Kinder/ Frau	1,25	1,38	1,35	1,31	1,34	1,36	1,34	...	...	...	...	...	...	...	...	...	...	...
Medianalter [5]	Jahre	38,4	39,9	...	...	...	...	42,1	...	...	...	...	44,2	...	...	47,3	46,2	49,5	49,4
Wanderungssaldo [3]	Tsd.	397,9	167,1	272,7	219,3	142,6	82,5	79,0	22,8	43,9	100,0	150,0	200,0	200,0	200,0	200,0	200,0	200,0	200,0
Jugendquotient [3]	v.H.	34,19	34,08	33,87	33,63	33,40	33,22	33,03	32,72	32,26	31,35	30,77	30,01	29,52	29,19	28,09	29,99	30,04	29,19
Altenquotient [3]	v.H.	24,56	26,40	27,14	27,91	28,79	29,87	31,08	32,20	32,95	33,52	33,87	33,55	33,48	33,69	37,98	50,27	57,98	60,10
Erwerbspersonen [1]	Mio.	40,8	42,2	42,4	42,5	42,6	43,0	43,4	43,3	43,3	43,4	43,4	43,5	...	...	...	...	...	...
Erwerbstätige [1]	"	37,5	39,0	39,2	39,0	38,6	38,8	38,8	39,0	39,7	40,2	40,2	40,3	...	...	...	...	...	...
Erwerbslosenquote [1]	v.H.	8,0	7,5	7,6	8,4	9,3	9,8	10,7	9,8	8,4	7,3	7,5	7,4	...	...	...	...	...	...
Beschäftigungsquote [6]	"	64,6	65,6	65,8	65,4	65,0	65,0	66,0	67,5	69,4	...	...	...	...	...	...	...	...	...
Männer	"	73,7	72,9	72,8	71,8	70,9	70,8	71,3	72,8	74,7	...	...	...	...	...	...	...	...	...
Frauen	"	55,3	58,1	58,7	58,9	58,9	59,2	60,6	62,2	64,0	...	...	...	...	...	...	...	...	...
älterer Erwerbstätiger	"	37,7	37,6	37,9	38,9	39,9	41,8	45,4	48,4	51,5	...	...	...	...	...	...	...	...	...
Bruttoinlandsprodukt (Marktpreise von 2000) [1]	Mrd. €	1867,4	2062,5	2088,1	2088,1	2083,5	2108,7	2125,0	2187,9	2241,7	2281,0	2280,3	2302,8	...	...	...	...	...	...
je Kopf der Bevölkerung	Tsd. €	22,9	25,1	25,4	25,3	25,2	25,6	25,8	26,6	27,3	27,8	27,8	28,1	...	...	...	...	...	...
je Erwerbstätigen	Tsd. €	56,0	62,5	63,4	64,1	65,0	66,1	67,0	68,8	69,4	69,8	70,0	70,5	...	...	...	...	...	...

Quellen: 1) EU-COM, Annual Macroeconomic Database (AMECO)
2) Eurostat Bevölkerungsprognose EUROPOP 2008
3) Statistisches Bundesamt
4) OECD Factbook 2008
5) UN Population Division World Population Prospects 2006 Revision
6) Eurostat Strukturindikatoren

Quelle: BMWi 2008, T.1

Anhang 2:

Bevölkerungsentwicklung nach Altersgruppen in Deutschland bis 2050

Bevölkerungsentwicklung nach Hauptaltersgruppen in Deutschland, 2005 – 2050 (in %)

Jahr	unter 20 Jahre		20 bis unter 65 Jahre		65 Jahre und älter	
	Untergrenze	Obergrenze	Untergrenze	Obergrenze	Untergrenze	Obergrenze
2005	20,0	20,0	60,8	60,8	19,3	19,3
2010	18,3	18,3	61,1	61,1	20,5	20,5
2020	16,9	16,9	59,9	60,2	23,2	22,9
2030	16,4	16,6	54,9	55,5	28,7	27,9
2040	15,6	16,0	52,3	53,2	32,1	30,8
2050	15,1	15,4	51,7	52,8	33,2	31,8

Datenquelle: Statistisches Bundesamt, 11. koordinierte Bevölkerungsvorausberechnung
Untergrenze/Obergrenze der „mittleren" Bevölkerung

Quelle: Bundesinstitut für Bevölkerungsforschung. 2008, S. 16

Anhang 3:

Bevölkerung im Erwerbsalter nach Altersgruppen (a)

Übersicht der Varianten der 11. koordinierten Bevölkerungsvorausberechnung

Die Annahmen zur Geburtenhäufigkeit, Lebenserwartung und zum Wanderungssaldo ergeben – miteinander kombiniert – zwölf Varianten. Diese werden zur besseren Übersichtlichkeit zu zwei Blöcken mit je sechs Varianten zusammengefasst: Drei Annahmen zur Geburtenhäufigkeit mal zwei Annahmen zur Lebenserwartung, die im ersten Block mit dem Wanderungssaldo von 100 000 (W1) und im zweiten Block mit dem Wanderungssaldo von 200 000 (W2) kombiniert werden:

Jährlicher Wanderungssaldo bis zum Jahr 2050: 100 000 Personen (W1)		Geburtenhäufigkeit*		
		annähernd konstant 1,4 (G1)	leicht steigend, ab 2025: 1,6 (G2)	leicht fallend bis 2050 auf 1,2 (G3)
Lebenserwartung Neugeborener im Jahr 2050				
männlich: 83,5 weiblich: 88,0	Basisannahme (L1)	Variante 1-W1 „mittlere" Bevölkerung, Untergrenze	Variante 3-W1	Variante 5-W1
männlich: 85,4 weiblich: 89,8	hoher Anstieg (L2)	Variante 2-W1	Variante 4-W1	Variante 6-W1 „relativ alte" Bevölkerung

Jährlicher Wanderungssaldo bis zum Jahr 2050: 200 000 Personen (W2)		Geburtenhäufigkeit*		
		annähernd konstant bei 1,4 (G1)	leicht steigend, ab 2025: 1,6 (G2)	leicht fallend bis 2050 auf 1,2 (G3)
Lebenserwartung Neugeborener im Jahr 2050				
männlich: 83,5 weiblich: 88,0	Basisannahme (L1)	Variante 1-W2 „mittlere" Bevölkerung, Obergrenze	Variante 3-W2 „relativ junge" Bevölkerung	Variante 5-W2
männlich: 85,4 weiblich: 89,8	hoher Anstieg (L2)	Variante 2-W2	Variante 4-W2	Variante 6-W2

*) Durchschnittliche Kinderzahl je Frau = zusammengefasste Geburtenziffer.

Quelle: Eisenmenger et al. 2006, S.55

Anhang 4:

Bevölkerung im Erwerbsalter nach Altersgruppen (b)

	Bevölkerung im Erwerbsalter „Mittlere" Bevölkerung Millionen	
	Untergrenze	Obergrenze
2005	50,1	50,1
2020	48,0	49,0
2030	42,4	44,2
2050	35,5	39,1

Quelle: Eisenmenger 2006, S. 21

Anhang 5:

Erwerbstätige nach Qualifikationsebenen

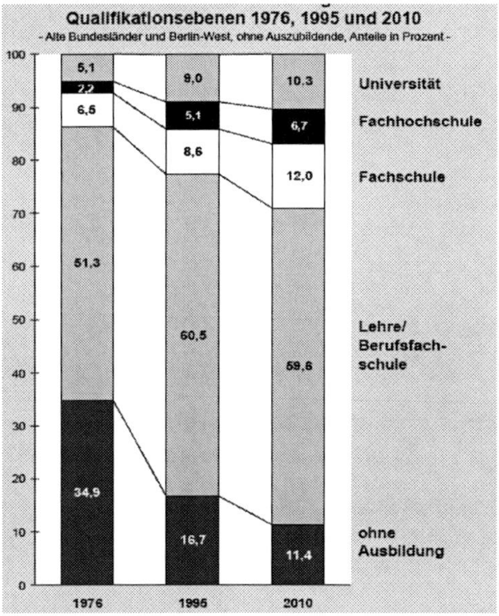

Quelle: Dostal 2000, S. 198

Anhang 6:

Idealtypische Altersverteilung von Belegschaften:

Homogenität versus Heterogenität

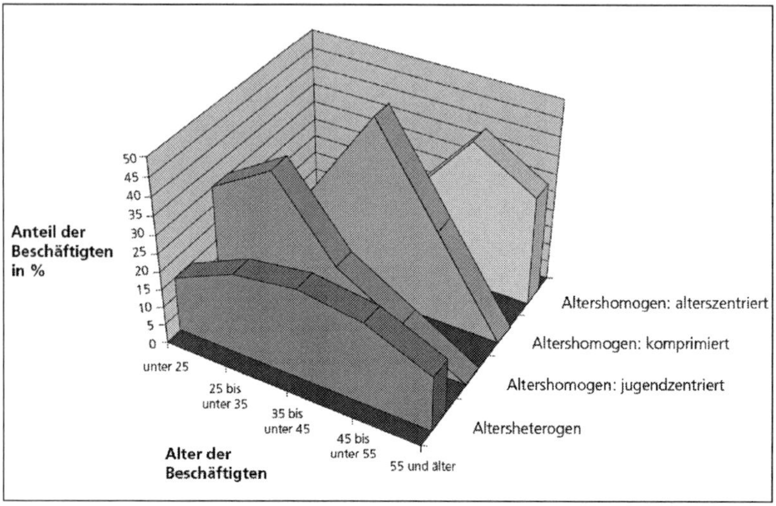

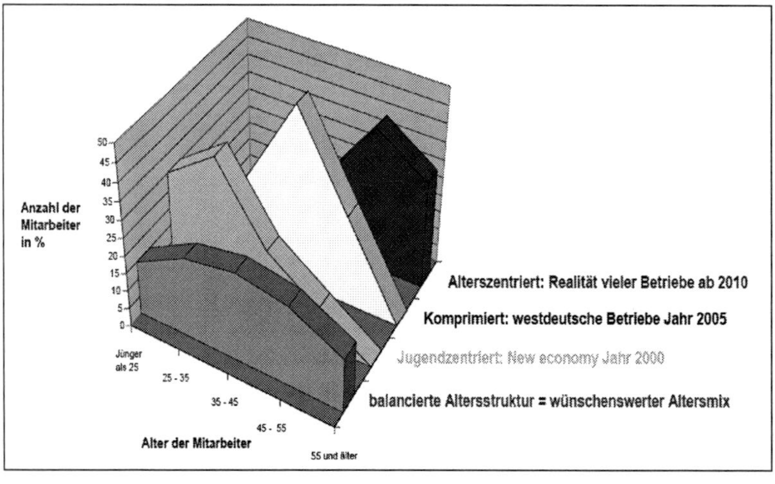

Quelle: Buck et al. – Fraunhofer IAO 2002, S. 55

Anhang 7:

Veränderung des Medianalters in Landkreisen und kreisfreien Städten

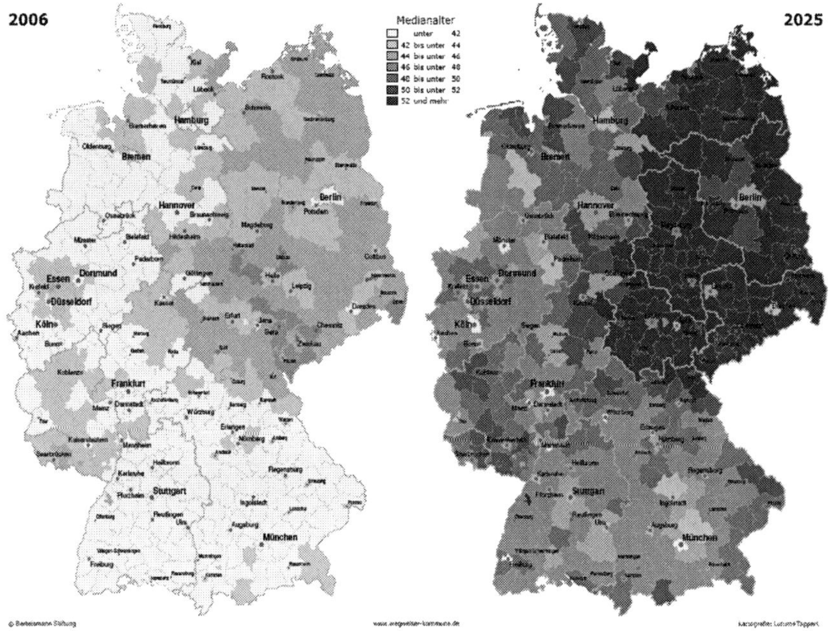

Quelle: Bertelsmannstiftung, Bevölkerungsprognose 2025, 2006

Internetseite: http://www.bertelsmann-stiftung.de/cps/rde/xbcr/SID-0A000F0A-89B29B14/bst/xcms_bst_dms_26880_26881_2.pdf

Anhang 8:

Altersstrukturanalyse

Funktionsgruppen	Ersatzbedarf		Anteil über 50-Jährige		
	bis 2007	2008 - 2012	2002	2007	2012
Führungskräfte	**18,2%**	**5,6%**	**36,4%**	**61,1%**	**94,1%**
	4	**1**	**8**	**11**	**16**
Technische & Kaufm. Angestellte	28,6%	20,0%	57,1%	40,0%	75,0%
	2	1	4	2	2
Angestellte Meister	33,3%	0,0%	33,3%	50,0%	100,0%
	2	0	2	2	4
Vorarbeiter u.ä.	0,0%	0,0%	22,2%	77,8%	100,0%
	0	0	2	7	9
Mitarbeiter	**5,9%**	**15,2%**	**37,4%**	**51,2%**	**54,3%**
	13	**32**	**82**	**108**	**100**
Kaufmännische Angestellte	18,2%	44,4%	90,9%	88,9%	80,0%
	2	4	10	8	4
Facharbeiter (fachspezif., d.h. ohne Bäcker, Friseur u.ä.)	12,0%	12,2%	44,0%	40,8%	37,5%
	6	6	22	20	18
An- und Ungelernte	3,2%	14,4%	31,6%	52,3%	59,5%
	5	22	50	80	78
Gesamtbelegschaft	**6,9%**	**14,1%**	**36,5%**	**50,9%**	**56,3%**
	17	**33**	**90**	**119**	**116**

Nachwuchs sichern

technischen Wandel meistern, Karriere jüngerer Fachkräfte sichern

Gesundheit fördern, Kompetenzen entwickeln

Angaben in %-Anteilen und absoluten Zahlen, Quelle: anonymisiertes Beispiel Betriebspool Prospektiv, 2002.

Quelle: Riechenhagen, 2003 S. 9

Anhang 9:

Fragebogen zu den Auswirkungen der demographischen Entwicklung

Demographischer Wandel – Herausforderung und Chance für Unternehmen

1. **Verfügt Ihr Unternehmen über eine Personalstrategie auf Basis der Unternehmensstrategie?**
   ☐ ja ☐ in Teilaspekten ☐ nein
2. **Ist es in den vergangenen 5 Jahren schwieriger geworden geeignete Fach- und Nachwuchskräfte zu rekrutieren?** ☐ ja ☐ teilweise ☐ nein
3. **Erwarten Sie in Zukunft verstärkt Schwierigkeiten bei der Rekrutierung von Fach- bzw. Nachwuchskräften?** ☐ ja ☐ teilweise ☐ nein
4. **Beinhaltet Ihre Personalarbeit Personalmarketingkonzepte um sich am Arbeitsmarkt als attraktiver Arbeitgeber zu präsentieren?** ☐ ja ☐ nein
5. **Werden in Ihrem Unternehmen Arbeitskräfte über 45 Jahren neu eingestellt?**
   ☐ regelmäßig ☐ gelegentlich ☐ in Ausnahmefällen ☐ nein
6. **Wie hoch ist in Ihrem Unternehmen der Anteil der Mitarbeiter, die älter als 45 Jahre sind?**
   ☐ unter 10 Prozent ☐ 11-24 Prozent ☐ 25-50 Prozent ☐ über 50 Prozent

6. Wie hoch ist in Ihrem Unternehmen der Anteil der Mitarbeiter, die älter als 45 Jahre sind?
❑ unter 10 Prozent ❑ 11-24 Prozent ❑ 25-50 Prozent ❑ über 50 Prozent

7. Wird der Anteil der über 45-Jährigen in Ihrem Unternehmen in den nächsten Jahren zunehmen?
❑ stark Zunahme ❑ Zunahme ❑ keine Zunahme ❑ Abnahme

8. Bringt ein hoher Anteil älterer Mitarbeiter in Ihren Augen Probleme mit sich?
❑ ja ❑ teilweise ❑ eventuell ❑ nein

9. Haben Sie in Ihrem Unternehmen bereits hinreichende Lösungskonzepte bezogen auf die Auswirkungen des demographischen Wandels entwickelt?
❑ ja ❑ wir sind dabei ❑ geplant ❑ nein

10. Ist es für Ihr Unternehmen wichtig verstärkt junge Arbeitskräfte einzustellen? ❑ ja ❑ nein

11. Sind nach Ihrer Meinung ältere Arbeitnehmer ebenso leistungsfähig wie jüngere? ❑ ja ❑ nein

12. Sind in Ihrem Unternehmen ältere Mitarbeiter in gleichem Umfang wie jüngere an Weiterbildungsmaßnahmen und Personalentwicklungsprogrammen beteiligt? ❑ ja ❑ nein

13. Verfügen die erfahrenen Mitarbeiter (älter 45 Jahre) über Wissen und Erfahrungen, die für die Leistungsfähigkeit Ihres Unternehmens sehr wichtig sind ❑ ja ❑ nein

14. Fördern Sie eine generationsübergreifende Zusammenarbeit und bilden Sie zum gezielten Wissensaustausch altersgemischte Arbeitsgruppen &Teams ❑ ja ❑ nein

15. Haben Sie den Eindruck, dass Ihr Unternehmen in den letzten 5 Jahren durch das Ausscheiden älterer Mitarbeiter Know-how und Wissen verloren hat? ❑ ja ❑ nein

16. Befürchten Sie in den nächsten Jahren durch das Ausscheiden älterer Mitarbeiter Know-how und Wissen zu verlieren? ❑ ja ❑ nein

Angaben zu Ihrem Unternehmen

Unternehmensgröße (Mitarbeiterzahl an den Standorten in der Oberpfalz und Kelheim):
❑ 1-49 Beschäftigte ❑ 500-999 Beschäftigte
❑ 50-499 Beschäftigte ❑ mehr als 1000 Beschäftigte
Unternehmenssitz in Stadt bzw. Landkreis:

Branche:
❑ Industrie
❑ Handel
❑ Dienstleistung

Anhang 10:

Zusammensetzung der befragten Unternehmen

	1-49 Beschäftigte	50-499 Beschäftigte	500-999 Beschäftigte	mehr als 1000 Beschäftigte	
Industrie	8	16	3	9	36
Handel	7	15	0	0	22
Dienstleistung	24	18	3	3	48
	39	49	6	12	106

Anhang 11:

Fragebogen zum Kompetenzmanagement und älteren Mitarbeitern

A. Kompetenzfeststellung

1. Werden in Ihrem Unternehmen die Kompetenzen von Mitarbeitern erfasst?

❑ professionell
❑ systematisch
❑ unsystematisch
❑ nein ➔ weiter mit Frage 4
❑ keine Angabe

2. Welche Mitarbeitergruppen werden bei der Kompetenzfeststellung berücksichtigt?
(Mehrfachnennungen möglich)

❑ alle Mitarbeiter
❑ Berufseinsteiger
❑ Mitarbeiter unter 45 Jahren (erste Berufslebenshälfte)
❑ Mitarbeiter über 45 Jahren (zweite Berufslebenshälfte)
❑ keine Mitarbeitergruppe
❑ keine Angabe
❑ andere Mitarbeitergruppe: ____________________

3. Finden die Kompetenzerhebungen regelmäßig statt?

❑ regelmäßig jährlich
❑ regelmäßig in größeren Abständen
❑ unregelmäßig
❑ nur bei Mitarbeitern unter 45 Jahren
❑ keine Angabe

B. Kompetenzmanagement

4. Welche Instrumente kommen in Ihrem Unternehmen zum Abgleich von geforderten und vorhandenen Kompetenzen zum Einsatz? *(Mehrfachnennungen möglich)*

❑ Definition (Erfassung) heutiger Anforderungen
❑ Definition zukünftiger Anforderungen
❑ Definition des für die Stelle erforderlichen Wissens
❑ Definition des für die Stelle erforderlichen Könnens
❑ strukturierte Mitarbeitergespräche mit dem Vorgesetzten
❑ regelmäßige Entwicklungsgespräche
❑ regelmäßige Zielvereinbarungen
❑ Leistungsbeurteilung
❑ Assessment Center
❑ 360°-Feedback
❑ Interviews durch die Personalabteilung
❑ Qualifikationsdatenbank
❑ Auditverfahren

- ❑ keine Instrumente
- ❑ keine Angaben
- ❑ andere Instrumente: ____

5. Bei welchen Mitarbeitergruppen kommt ein zielgerichtetes Kompetenzmanagement zum Einsatz? *(Mehrfachnennungen möglich)*

- ❑ Berufseinsteiger
- ❑ Mitarbeiter unter 45 Jahren
- ❑ Mitarbeiter über 45 Jahren
- ❑ keine Angabe
- ❑ andere Mitarbeitergruppe: ____

6. Welche Maßnahmen ergreifen Sie in Ihrem Unternehmen bei Kompetenzdefiziten bzw. Verschiebungen von Qualifikationsanforderungen? *(Mehrfachnennungen möglich)*

- ❑ selbstorganisiertes Lernen am Arbeitsplatz
- ❑ moderierter, systematischer Austausch von Erfahrungen
- ❑ Team-, Gruppengespräche
- ❑ Schulungen, Fortbildungen
- ❑ Einweisung am Arbeitsplatz, Anlernen
- ❑ Rekrutierung von Kompetenzträgern
- ❑ Projektlernen
- ❑ Coaching, Patenschaften, Mentoring
- ❑ Blended learning, Einrichtung von Wissensportalen
- ❑ selbstorganisiertes Lernen in der Freizeit
- ❑ keine Maßnahmen
- ❑ keine Angaben
- ❑ andere Maßnahmen: ____

7. Welche Mitarbeitergruppen werden in diese Maßnahmen mit einbezogen?
(Mehrfachnennungen möglich)

- ❑ Berufseinsteiger
- ❑ Mitarbeiter unter 45 Jahren
- ❑ Mitarbeiter über 45 Jahren
- ❑ keine Angabe
- ❑ andere Mitarbeitergruppe: ____

8. Wissen Ihre Mitarbeiter welche Kompetenzen bei der Ausführung ihrer Stelle gefordert sind? *(Mehrfachnennungen möglich)*

- ❑ Mitarbeiter unter 45 Jahren kennen die fachlichen Anforderungen
- ❑ Mitarbeiter unter 45 Jahren kennen die überfachlichen Anforderungen
- ❑ Mitarbeiter über 45 Jahren kennen die fachlichen Anforderungen
- ❑ Mitarbeiter über 45 Jahren kennen die überfachlichen Anforderungen

9. Wie schätzen Sie das Engagement Ihrer Mitarbeiter hinsichtlich der Weiterentwicklung ihrer eigenen Kompetenzen ein? *(Mehrfachnennungen möglich)*

a. Mitarbeiter in der ersten Berufslebenshälfte
- ❑ können persönliche Qualifikationsdefizite gut einschätzen

- ☐ Bewusstsein für die Notwendigkeit, die eigenen Kompetenzen weiterzuentwickeln, ist vorhanden
- ☐ Bewusststein für die Bedeutung von lebenslangem Lernen ist vorhanden
- ☐ Weiterbildungsmaßnahmen werden in Eigeninitiative besucht
- ☐ aktive Auseinandersetzung mit zukünftigen Anforderungen
- ☐ keine Angaben

b. Mitarbeiter in der zweiten Berufslebenshälfte

- ☐ können persönliche Qualifikationsdefizite gut einschätzen
- ☐ Bewusstsein für die Notwendigkeit, die eigenen Kompetenzen weiterzuentwickeln, ist vorhanden
- ☐ Bewusststein für die Bedeutung von lebenslangem Lernen ist vorhanden
- ☐ Weiterbildungsmaßnahmen werden in Eigeninitiative besucht
- ☐ aktive Auseinandersetzung mit zukünftigen Anforderungen
- ☐ keine Angaben

10. Machen Sie Ihren Mitarbeitern Qualifizierungsangebote, die auf den Umgang und die Weitergabe von Wissen abzielen? *(Mehrfachnennungen möglich)*

- ☐ Qualifizierungsangebote für Mitarbeiter unter 45 Jahren
- ☐ Qualifizierungsangebote für Mitarbeiter über 45 Jahren
- ☐ Qualifizierungsangebote für Mitarbeiter mit spezieller Fachkompetenz
- ☐ Qualifizierungsangebote für alle Mitarbeiter
- ☐ keine Qualifizierungsangebote
- ☐ keine Angabe

11. Wird Ihrer Einschätzung nach des Kompetenzmanagements von Ihren Mitarbeitern positiv gesehen? *(Mehrfachnennungen möglich)*

- ☐ von Berufseinsteigern
- ☐ von Mitarbeitern unter 45 Jahren
- ☐ von Mitarbeitern über 45 Jahren
- ☐ keine Angabe

12. Hat sich in den letzen Jahren der Umgang mit den Mitarbeitern und deren Kompetenzen in Ihrem Unternehmen verändert? *(Mehrfachnennungen möglich)*

- ☐ Kompetenzen werden genauer erfasst
- ☐ Kompetenzen werden gezielt weiterentwickelt
- ☐ Kompetenzdefizite werden ermittelt und abgebaut
- ☐ Kompetenzträger werden gezielt neu eingestellt
- ☐ Bedeutung des Erfahrungswissens älterer Mitarbeiter gestiegen
- ☐ keine Veränderungen
- ☐ keine Angabe
- ☐ sonstige Veränderungen: ____________________

<u>Angaben zum Unternehmen:</u>

Branchenzugehörigkeit: ... **Mitarbeiterzahl: ...**

Anhang 12:

Halbstandardisierter Interviewleitfaden

Interviewfragen „Kompetenzmanagement“

Es geht bei den nächsten Fragen um Ihre Erfahrungen mit Kompetenzmanagement im eigenen Unternehmen aber auch um Ihre Einschätzungen, die Sie aufgrund Ihrer verschiedenen Eindrücke als Personalexperte, generell gewonnen haben.

I Definitionen

1. Wie definieren Sie Kompetenzen?

2. Wie ist Ihr Verständnis von Kompetenzmanagement?

II Kompetenzmanagement im Unternehmen

3.1 Wie messen Sie die bei den Mitarbeitern vorhandenen Kompetenzen?

3.2 Wie weit sind Sie beim Aufbau eines Kompetenzmanagementsystems?

3.3 Wie sieht Kompetenzmanagement in Ihrem Unternehmen konkret an einem Beispiel aus?

3.4 Unterscheiden sich die Instrumente des Kompetenzmanagements in den verschiedenen Tätigkeitsgruppen?

III Anforderungsprofile als Grundlage des Kompetenzmanagement

4.1 Haben Sie auf Ihre Unternehmensstrategie ausgerichtete Anforderungsprofile?

4.2 Am Beispiel der Führungskräfte: welche übergeordneten Kompetenzbündel haben Sie hier definiert?

IV Mitarbeiter in der zweiten Berufslebenshälfte

5.1 Wie definieren Sie „ältere Mitarbeiter“ in Ihrem Unternehmen?

5.2 Was halten Sie von der Aussage jüngere Mitarbeiter haben bei der eigenen Kompetenzentwicklung mehr die eigenen Interessen als die Interessen des Unternehmens im Fokus?

5.3 Wodurch zeigt sich das Engagement der Mitarbeiter zur Entwicklung der eigenen Kompetenzen in den unterschiedlichen Altersgruppen?

5.4 Wie erfolgreich ist die Kompetenzentwicklung in den unterschiedlichen Altersgruppen? – woran machen Sie eine erfolgreiche Entwicklung von Kompetenzen fest?
5.5 Was halten Sie von der Aussage, dass ältere Mitarbeiter in besonderem Ausmaß über wettbewerbsentscheidende Kompetenzen verfügen?

5.6 Was halten Sie von der Aussage, dass jüngere Mitarbeiter
a. Kompetenzmanagement gegenüber positiv eingestellt sind und
b. Maßnahmen zur Kompetenzentwicklung bzw. –feststellung eine höhere Akzeptanz entgegen bringen?

Anhang 13:

Art der Kompetenzerfassung in Unternehmen

		Häufigkeit	Prozent	Gültige Prozente	Kumulierte Prozente
Gültig	professionell	16	14,5	15,1	15,1
	systematisch	30	27,3	28,3	43,4
	unsystematisch	31	28,2	29,2	72,6
	nein	27	24,5	25,5	98,1
	keine Angabe	2	1,8	1,9	100,0
	Gesamt	106	96,4	100,0	
Fehlend	99	3	2,7		
	System	1	,9		
	Gesamt	4	3,6		
Gesamt		110	100,0		

Anhang 14:

Wiederholungsintervalle der Kompetenzerhebung

		Häufigkeit	Prozent	Gültige Prozente	Kumulierte Prozente
Gültig	regelmäßig jährlich	34	30,9	34,3	34,3
	regelmäßig in größeren Abständen	12	10,9	12,1	46,5
	unregelmäßig	31	28,2	31,3	77,8
	keine Angabe	22	20,0	22,2	100,0
	Gesamt	99	90,0	100,0	
Fehlend	99	11	10,0		
Gesamt		110	100,0		

Anhang 15:

Instrumente zur Ermittlung der Mitarbeiterkompetenzen in den Unternehmen

		Antworten		
		N	Prozent	Prozent der Fälle
Erhebungsinstrumente	Kompetenzerhebung durch Definition (Erfassung) heutiger Anforderungen	67	11,6%	62,6%
	Kompetenzerhebung durch Definition zukünftiger Anforderungen	52	9,0%	48,6%
	Kompetenzerhebung durch Definition des für die Stelle erforderlichen Wissens	62	10,7%	57,9%
	Kompetenzerhebung durch Definition des für die Stelle erforderlichen Könnens	66	11,4%	61,7%
	Kompetenzerhebung durch strukturierte Mitarbeitergespräche mit dem Vorgesetzten	62	10,7%	57,9%
	Kompetenzerhebung durch regelmäßige Entwicklungsgespräche	46	7,9%	43,0%
	Kompetenzerhebung durch regelmäßige Zielvereinbarungen	59	10,2%	55,1%
	Kompetenzerhebung durch Leistungsbeurteilung	56	9,7%	52,3%
	Kompetenzerhebung durch Assessment Center	12	2,1%	11,2%
	Kompetenzerhebung durch 360°-Feedback	15	2,6%	14,0%
	Kompetenzerhebung durch Interviews durch die Personalabteilung	25	4,3%	23,4%
	Kompetenzerhebung durch Qualifikationsdatenbank	25	4,3%	23,4%
	Kompetenzerhebung durch Auditverfahren	26	4,5%	24,3%
	Keine Kompetenzerhebung durch Instrumente	5	,9%	4,7%
	Keine Angaben zu Kompetenzerhebung	2	,3%	1,9%
	Gesamt	580	100,0%	542,1%

Anhang 16:

Maßnahmen bei Kompetenzdefiziten und zur Anpassung von Qualifikationen

		Antworten		
		N	Prozent	Prozent der Fälle
Förderungsmaßnahmen	Förderungsmaßnahme selbstorganisiertes Lernen am Arbeitsplatz	67	12,4%	61,5%
	Förderungsmaßnahme moderierter, systematischer Austausch von Erfahrungen	46	8,5%	42,2%
	Förderungsmaßnahme Team-, Gruppengespräche	62	11,5%	56,9%

	Förderungsmaßnahme Schulungen, Fortbildungen	92	17,0%	84,4%
	Förderungsmaßnahme Einweisung am Arbeitsplatz, Anlernen	93	17,2%	85,3%
	Förderungsmaßnahme Rekrutierung von Kompetenzträgern	40	7,4%	36,7%
	Förderungsmaßnahme Projektlernen	26	4,8%	23,9%
	Förderungsmaßnahme Coaching, Patenschaften, Mentoring	49	9,1%	45,0%
	Förderungsmaßnahme Blended learning, Einrichtung von Wissensportalen	23	4,3%	21,1%
	Förderungsmaßnahme selbstorganisiertes Lernen in der Freizeit	40	7,4%	36,7%
	Keine Förderungsmaßnahmen	2	,4%	1,8%
	Keine Angaben zu Förderungsmaßnahmen	1	,2%	,9%
	Gesamt	541	100,0%	496,3%

Anhang 17:

Bei der Kompetenzfeststellung berücksichtigte Mitarbeitergruppen

		Antworten		
		N	Prozent	Prozent der Fälle
Mitarbeitergruppen	Berücksichtigung aller Mitarbeiter bei der Kompetenzerfassung	53	53,5%	55,2%
	Berücksichtigung der Berufseinsteiger bei der Kompetenzerfassung	9	9,1%	9,4%
	Berücksichtigung der Mitarbeiter unter 45 bei der Kompetenzerfassung	5	5,1%	5,2%
	Berücksichtigung der Mitarbeiter über 45 bei der Kompetenzerfassung	3	3,0%	3,1%
	Keine Kompetenzerfassung im Unternehmen	3	3,0%	3,1%
	Keine Angaben zu Kompetenzerfassung im Unternehmen	26	26,3%	27,1%
	Gesamt	99	100,0%	103,1%

Anhang 18:

Beim Kompetenzmanagement berücksichtigte Mitarbeitergruppen

		Antworten		
		N	Prozent	Prozent der Fälle
Mitarbeitergruppen	Kompetenzmanagement für alle Mitarbeiter	41	35,0%	38,0%
	Kompetenzmanagement für Berufseinsteiger	24	20,5%	22,2%
	Kompetenzmanagement für Mitarbeiter unter 45 Jahre	17	14,5%	15,7%
	Kompetenzmanagement für Mitarbeiter über 45 Jahre	7	6,0%	6,5%
	Kein Kompetenzmanagement	10	8,5%	9,3%
	Keine Angaben zu Mitarbeitern in Kompetenzmanagement	18	15,4%	16,7%
	Gesamt	117	100,0%	108,3%

Anhang 19:

An Kompetenzmanagementmaßnahmen beteiligte Mitarbeitergruppen

		Antworten		
		N	Prozent	Prozent der Fälle
Gruppen Förderungsmaßnahmen	Förderungsmaßnahmen für alle Mitarbeiter	46	17,8%	43,8%
	Förderungsmaßnahmen für Berufseinsteiger	60	23,2%	57,1%
	Förderungsmaßnahmen für Mitarbeiter unter 45 Jahren	67	25,9%	63,8%
	Förderungsmaßnahmen für Mitarbeiter über 45 Jahren	61	23,6%	58,1%
	Förderungsmaßnahmen für keine Angaben	25	9,7%	23,8%
	Gesamt	259	100,0%	246,7%

Anhang 20:

Bewusstsein der Anforderungen bei den unterschiedlichen Mitarbeitergruppen

		Antworten		
		N	Prozent	Prozent der Fälle
Kompetenzbewußtsein	Mitarbeiter unter 45 Jahren kennen die fachlichen Anforderungen	84	31,7%	94,4%
	Mitarbeiter unter 45 Jahren kennen die überfachlichen Anforderungen	53	20,0%	59,6%
	Mitarbeiter über 45 Jahren kennen die fachlichen Anforderungen	77	29,1%	86,5%
	Mitarbeiter über 45 Jahren kennen die überfachlichen Anforderungen	51	19,2%	57,3%
	Gesamt	265	100,0%	297,8%

Anhang 21.1:

Engagement der jüngeren Mitarbeiter zur eigenen Kompetenzentwicklung

		Antworten		
		N	Prozent	Prozent der Fälle
Kompetenzmanagement_1	Mitarbeitern in der ersten Berufslebenshälfte können persönliche Qualifikationsdefizite gut einschätzen	60	21,5%	58,3%
	Mitarbeitern in der ersten Berufslebenshälfte ist die Notwendigkeit, die eigenen Kompetenzen weiterzuentwickeln, bewusst	75	26,9%	72,8%
	Mitarbeitern in der ersten Berufslebenshälfte ist die Bedeutung von lebenslangem Lernen bewusst	62	22,2%	60,2%
	Mitarbeiter in der ersten Berufslebenshälfte besuchen Weiterbildungsmaßnahmen in Eigeninitiative	40	14,3%	38,8%
	Mitarbeiter in der ersten Berufslebenshälftesetzen sich aktiv mit zukünftigen Anforderungen auseinander	38	13,6%	36,9%
	Keine Angaben zum Weiterbildungsengagement von Mitarbeitern in der ersten Berufslebenshälfte	4	1,4%	3,9%
	Gesamt	279	100,0%	270,9%

Anhang 21.2:

Engagement der älteren Mitarbeiter zur eigenen Kompetenzentwicklung

		Antworten		
		N	Prozent	Prozent der Fälle
Kompetenzmanagement_2	Mitarbeitern in der zweiten Berufslebenshälfte können persönliche Qualifikationsdefizite gut einschätzen	64	24,9%	62,7%
	Mitarbeitern in der zweiten Berufslebenshälfte ist die Notwendigkeit, die eigenen Kompetenzen weiterzuentwickeln, bewusst	57	22,2%	55,9%
	Mitarbeitern in der zweiten Berufslebenshälfte ist die Bedeutung von lebenslangem Lernen bewusst	55	21,4%	53,9%
	Mitarbeiter in der zweiten Berufslebenshälfte besuchen Weiterbildungsmaßnahmen in Eigeninitiative	30	11,7%	29,4%
	Mitarbeiter in der zweiten Berufslebenshälftesetzen sich aktiv mit zukünftigen Anforderungen auseinander	37	14,4%	36,3%
	Keine Angaben zum Weiterbildungsengagement von Mitarbeitern in der zweiten Berufslebenshälfte	14	5,4%	13,7%
	Gesamt	257	100,0%	252,0%

Anhang 22:

Qualifizierungsangebote zum Umgang mit Wissen

		Antworten		
		N	Prozent	Prozent der Fälle
Qualifizierungsangebote	Qualifizierungsangebote des Unternehmens für Mitarbeiter unter 45 Jahren	51	22,5%	46,8%
	Qualifizierungsangebote des Unternehmens für Mitarbeiter über 45 Jahren	43	18,9%	39,4%
	Qualifizierungsangebote des Unternehmens für Mitarbeiter mit spezieller Fachkompetenz	54	23,8%	49,5%
	Qualifizierungsangebote des Unternehmens für alle Mitarbeiter	58	25,6%	53,2%
	Keine Qualifizierungsangebte von Unternehmensseite	14	6,2%	12,8%
	Keine Angabe zu Qualifizierungsangeboten des Unternehmens	7	3,1%	6,4%
	Gesamt	227	100,0%	208,3%

Anhang 23:

Akzeptanz des Kompetenzmanagements bei den Mitarbeitern

		Antworten		
		N	Prozent	Prozent der Fälle
Einstellung_KM	Befürwortung des Kompetenzmanagements durch alle Mitarbeiter	56	43,1%	50,9%
	Befürwortung des Kompetenzmanagements durch Berufseinsteiger	17	13,1%	15,5%
	Befürwortung des Kompetenzmanagements durch Mitarbeiter unter 45 Jahren	24	18,5%	21,8%
	Befürwortung des Kompetenzmanagements durch Mitarbeiter über 45 Jahren	7	5,4%	6,4%
	Befürwortung des Kompetenzmanagements durch keine Mitarbeitergruppe	3	2,3%	2,7%
	Keine Angaben zur Befürwortung des Kompetenzmanagements durch Mitarbeiter	23	17,7%	20,9%
	Gesamt	130	100,0%	118,2%

Anhang 24:

Veränderungen im Umgang mit Mitarbeiterkompetenzen

		Antworten		
		N	Prozent	Prozent der Fälle
Umgang Kompetenzen	Kompetenzen werden seit einigen Jahren zunehmend genauer erfasst	65	22,8%	60,7%
	Kompetenzen werden seit einigen Jahren zunehmend gezielter weiterentwickelt	61	21,4%	57,0%
	Kompetenzdefizite werden seit einigen Jahren zunehmend mehr ermittelt und abgebaut	54	18,9%	50,5%
	Kompetenzträger werden seit einigen Jahren zunehmend gezielt neu eingestellt	43	15,1%	40,2%
	Die Bedeutung des Erfahrungswissens älterer Mitarbeiter ist in den letzten Jahren zunehmend gestiegen	41	14,4%	38,3%
	Es gab keine Veränderungen im Umgang mit Kompetenzen in den letzten Jahren	13	4,6%	12,1%
	Keine Angaben zu Veränderungen im Umgang mit Kompetenzen in den letzten Jahren	8	2,8%	7,5%
	Gesamt	285	100,0%	266,4%

LITERATURVERZEICHNIS

Adenauer, Sibylle (2002): Die Älteren und ihre Stärken – Unternehmen handeln. In: Institut für angewandte Arbeitswissenschaft (IfaA) (Hrsg.): Angewandte Arbeitswissenschaft. Zeitschrift für die Unternehmenspraxis. Nr. 174. Dezember 2002. Köln. S. 36 – 52.

Adenauer, Sibylle (2002): Die Potenziale älterer Mitarbeiter im Betrieb erkennen und nutzen. In: Institut für angewandte Arbeitswissenschaft (IfaA) (Hrsg.): Angewandte Arbeitswissenschaft. Zeitschrift für die Unternehmenspraxis. Nr. 172. Juni 2002. Köln. S. 19 – 34.

Albs, Norbert (2005): Wie man Mitarbeiter motiviert: Motivation und Motivationsförderung im Führungsalltag. Berlin. Cornelsen.

Altmann, Jörn (2004): Effizientes Kompetenzmanagement in Unternehmen. Stuttgart. Ibidem Verlag.

Ansoff, Harry I. (1965): Corporate Strategy: An Analytic Aproach to Business Policy for Growth and Expansion. New York. McGraw-Hill.

Ansoff, Harry I. (1984): Implanting Strategic Management. Englewood Cliffs, N.J. u.a. Prentice/Hall Internat.

Bach, Volker; Österle, Hubert; Vogler, Petra (2000): Business Knowledge Management in der Praxis. Prozessorientierte Lösungen zwischen Knowledge- Portal und Kompetenzmanagement. Berlin. Springer Verlag.

Badura, Bernhard (2003): Gesünder älter werden: betriebliche Personal- und Gesundheitspolitik in Zeiten des demographischen Wandels. In: Badura, Bernhard; Schellschmidt, Henner; Vetter, Christian (Hrsg.): Fehlzeiten-Report. Zahlen, Daten, Analysen aus allen Branchen der Wirtschaft. Demographischer Wandel: Herausforderung für die betriebliche Personal- und Gesundheitspolitik. Berlin, Heidelberg, New York. Springer. S. 33 – 42.

Baigger, João F. (2005): Das Umdenken hat noch nicht begonnen – Ergebnisse einer Unternehmensbefragung. In: Loebe, Herbert; Severing, Eckart (Hrsg.): Wettbewerbsfähig mit alternden Belegschaften. Betriebliche Bildung und Beschäftigung im Zeichen des demographischen Wandels. Band 34. Bielefeld. W. Bertelsmann. S. 39 – 48.

Baltes, Paul B. (1996): Über die Zukunft des Alterns: Hoffnung und Trauerflor. In: Baltes, Margret; Montada, Leo (Hrsg): Produktives Leben im Alter. Frankfurt a. M., New York. Campus. S. 29 – 68.

Balzereit, Jasmin (2006): Die Auswirkungen des demographischen Wandels in unseren Unternehmen. Zahlen, Daten, Fakten. Handlungsempfehlungen. Ostbayern konkret. Regensburg.

Barkholdt, Corinna (1998): Destandardisierung der Lebensarbeitszeit: eine Chance für die alternde Erwerbsgesellschaft? Opladen, Wiesbaden. Westdeutscher. Zugl. Diss. Universität Dortmund. 1997.

Becker, Manfred (2008): Optimistisch Altern: theoretische Grundlagen und empirische Befunde demographiefester Personalarbeit für altersgemischte Belegschaften. München. Hampp.

Becker, Winfried; Buchstab, Günter; Doering- Manteuffel, Anselm; Morsey, Rudolf (Hrsg.) (2002): Lexikon der christlichen Demokratie in Deutschland. Paderborn, München, Wien, Zürich. Schöningh.

Beer, Michael; Spector, B.; Lawrence, P. R.; Mills, D. Q.; Walton, R. E. (1985): Human Resource Management: A General Manager´s Perspective; Text and Cases. New York. Free Press.

Behrend, Christoph (2002): Demographischer Wandel – eine Chance für ältere Arbeitnehmer? Neue Aufgaben für das HR-Management vor dem Hintergrund der Trends und Entwicklungslinien im Altersaufbau der Gesellschaft. In: Personalführung. 35. Jg., 6/2002. S. 34 – 39.

Behse, Georg (1976): Kompetenzen. In: Ritter Joachim (Hrsg.): Historisches Wörterbuch der Philosophie. Darmstadt. Wissenschaftliche Buchgesellschaft. S. 918 – 933.

Biesalski, Ernst (2006): Unterstützung der Personalentwicklung mit ontologiebasiertem Kompetenzmanagement. Dissertation. Karlsruhe. Universität Fridericiana zu Karlsruhe.

Birg, Herwig (2001): Demographische Zeitenwende. Der Bevölkerungsrückgang in Deutschland und Europa. München. Beck.

Bonin, Holger; Clemens, Wolfgang; Künemund, Harald (2003): Die demographische Entwicklung in Deutschland: Rückblick und Ausblick. In: Herfurth, Matthias; Kohli, Martin; Zimmermann, Klaus F. (Hrsg.): Arbeit in einer alternden Gesellschaft. Problembereich und Entwicklungstendenzen der Erwerbssituationen Älterer. Opladen. Leske + Budrich. S. 21 – 41.

Bonin, Holger; Helmrich, Robert; Arens Tobias (2007): Zukunft von Bildung und Arbeit – Die Beschäftigungsprognosen der BLK (IZA / FIT) – Methodische Ansätze und Reichweite von langfristigen Arbeitsmarkt- und Qualifikationsprognosen. Bonn.

Bonin, Holger; Schneider, Marc; Quinke, Hermann; Arens, Tobias (2007): Zukunft von Bildung und Arbeit. Perspektiven von Arbeitskräftebedarf und – angebot bis 2020. I Z A Research Report No. 9. Bonn.

Borscheid, Peter (1989): Geschichte des Alters: vom Spätmittelalter zum 18. Jahrhundert. Ausgabebezeichnung. München. Deutscher Taschenbuchverlag.

Boxall, Peter F. (1996): The Strategic HRM Debate and the Resource-Based View of the Firm. In: Human resource Management Journal. 6. Jg. Nr. 03/1996. S 59 – 75.

Boyatzis, Richard E. (1982): The Competent Manager. A Model for Effective Performance. New York. Wiley.

Brandenburg, Uwe; Domschke, Jörg-Peter (2007): Die Zukunft sieht alt aus. Herausforderungen des demographischen Wandels für das Personalmanagement. Wiesbaden. Gabler.

Brinkmann, Ralf (2008): Berufsbezogene Leistungsmotivation und Leistungsorientierung älterer Arbeitnehmer. Tagungsunterlagen. 3. Tagung der Marie-Luise und Ernst Becker Stiftung. 18. und 19. September 2008. Bonn, Heidelberg.

Bruggmann, Michael (2000): Die Erfahrung älterer Mitarbeiter als Ressource. Wiesbaden. Deutscher Universitätsverlag.

Brussig, Martin (2007): Neue Entwicklungen beim Altersübergang in Deutschland. Chancen für Ältere? Neue Forschungsergebnisse zur Arbeitsmarktsituation Älterer. Hans- Böckler-Stiftung. Duisburg. Universität Duisburg Essen.

Bucher, Hansjörg; Schlömer, Claus; Waltersbacher, Matthias (2006): Raumordnungsprognose 2020/2050. Bundesamt für Bauwesen und Raumordnung (Hrsg): Berichte. Bonn. Band 23.

Buck, Hartmut; Kistler, Ernst; Mendius, Hans G. (2002): Demographischer Wandel in der Arbeitswelt. Chancen für eine innovative Arbeitsgestaltung. Broschürenreihe: Demographie und Erwerbsarbeit. Stuttgart.

Bühner, Rolf (2004): Betriebswirtschaftliche Organisationslehre. 10. Auflage. München. Oldenbourg.

Büser, Tobias (1999): Wirtschaftspädagogik und Unternehmenskultur auf der Grundlage eines interaktionistischen Theorieansatzes. Markt Schwaben. Eusl.

Bundesinstitut für Bevölkerungsforschung in Zusammenarbeit mit dem Statistischen Bundesamt (2008): Bevölkerung. Daten, Fakten, Trends zum demographischen Wandel in Deutschland. Wiesbaden.

Bundesministerium für Wirtschaft und Technologie (2008): Wachstum und Demographie im internationalen Vergleich. Allgemeine Wirtschaftspolitik. Berlin.

Christensen, Jens F. (1996): Analysing the Technology Base of the Firm: A Multi-Dimensional Resource and Competence Perspective. In: Foss, Nicolai J., Knudsen, Christian (Hrsg.): Towards a Competence Theory of the Firm. London, New York. Routledge. S. 111 – 132.

Danner, David B. ; Schröder, Heinz C. (1992): Biologie des Alterns (Ontogenese und Evolution). In: Baltes, Paul B.; Mittelstraß, Jürgen (Hrsg.): Zukunft des Alterns und gesellschaftliche Entwicklung. Berlin. De Gruyter. S. 95 – 123.

DBR – Deutsche Bank Research (2002): Die demographische Herausforderung – Ein Überblick über die Bevölkerungsproblematik und ihre gesellschaftlichen und ökonomischen Konsequenzen. Demographie Spezial. 30. Juli 2002. Frankfurt am Main.

DBR – Deutsche Bank Research (2003): Deutsches Wachstumspotenzial: Vor demographischer Herausforderung. Aktuelle Themen. Demographie Spezial. Frankfurt am Main. Nr. 277. 14. Juli 2003.

Dekkers, Midas (2001): An allem nagt der Zahn der Zeit: vom Reiz der Vergänglichkeit. Genehmigte Taschenbuchausgabe. München. Goldmann.

Deutscher Bundestag (1998): Zweiter Zwischenbericht der Enquête- Kommission „Demographischer Wandel – Herausforderungen unserer älter werdenden Gesellschaft an den Einzelnen und die Politik. Drucksache 13/11460. Berlin.

Deutscher Bundestag (2002): Schlussbericht der Enquête- Kommission „Demographischer Wandel – Herausforderungen unserer älter werdenden Gesellschaft an den Einzelnen und die Politik". Drucksache 14/8800. Berlin.

Dickmann, Nicola (2003): Dokumentation: Demographischer Wandel – Geburtenraten im internationalen Vergleich. In: Institut der deutschen Wirtschaft Köln (Hrsg.): iw-trends. 30. Jg. Nr. 01/2003. S. 1 – 23.

Dickmann, Nicola (2004): Grundlagen der demographischen Entwicklung. In: Institut der deutschen Wirtschaft Köln (Hrsg.): Perspektive 2050. Ökonomik des demographischen Wandels. Köln. Deutscher Instituts-Verlag. S. 11 – 33.

Dickmann, Nicola; Seyda, Susanna (2004): Gründe für den Geburtenrückgang. In: Institut der deutschen Wirtschaft Köln (Hrsg.): Perspektive 2050. Ökonomik des demographischen Wandels. Köln. Deutscher Instituts-Verlag. S. 35 – 66.

Dostal, Werner (2000): Methodische Grundlagen der aktuellen IAB- Prognos-Projektion. In: Bundesministerium für Bildung und Forschung (Hrsg.): Qualifikationsstrukturbericht, Bonn.

Drumm, Hans Jürgen (2000): Personalwirtschaft. 4. Auflage. Berlin. Springer

Eberherr, Helga; Fleischmann, Alexander; Hofmann, Roswitha (2006): Alter(n)svielfalt im Betrieb. Strategien und Maßnahmen für eine nachhaltige Unternehmenspolitik in kleinen und mittleren Unternehmen. In: Wirtschaftsuniversität Wien (Hrsg.): Arbeitsbereich Gender and Diversity in Organizations. Wien.

Eckerle, Konrad; Oczipka, Thomas (1998): Prognos-Gutachten 1998. Auswirkungen veränderter ökonomischer und rechtlicher Rahmenbedingungen auf die gesetzliche Rentenversicherung in Deutschland. In: Verband deutscher Rentenversicherungsträger (Hrsg.): DRV-Schriften. Basel. Band 9.

Eisenkopf, Alexander; Opitz, Christian, Proff, Heike (2008): Vorwort der Herausgeber. In: Eisenkopf, Alexander; Opitz, Christian, Proff, Heike (Hrsg.): Strategisches Kompetenz-Management in der Betriebswirtschaftslehre: eine Standortbestimmung. Wiesbaden. Gabler. S. V – VI.

Eisenmenger, Matthias; Pötzsch, Olga; Sommer, Bettina (2006): 11. koordinierte Bevölkerungsvorausberechnung. Die Bevölkerung Deutschlands bis 2050. Wiesbaden. Statistisches Bundesamt.

Erpenbeck, John; Rosenstiel, Lutz (2003): Handbuch Kompetenzmanagement. Erkennen, verstehen und bewerten von Kompetenzen in der betrieblichen, pädagogischen und psychologischen Praxis. Stuttgart, Schäffer-Poeschel, S. IX – XXXVII.

Esposito, Joseph L. (1987): The Obsolete Self: Philosophical Dimensions of Aging. Berkley. Ca. Univ. of California Press.

Feldhoff, Ellen (2005): Strategisches Management humaner Wissensressourcen. Wiesbaden. Deutscher Universitätsverlag.

Filipp, Sigrun-Heide; Mayer, Anne-Kathrin (2005): Zur Bedeutung von Altersstereotypen. In: Aus Politik und Zeitgeschichte (APuZ). Nr. 49-50/2005.

Fischer, Stephan; Weitbrecht, Hansjörg (1995): Individualism and Collectivism: Two Dimensions of Human Resource Management and Industrial Relations in Germany. In: Industrielle Beziehungen. 2. Jg. Nr. 04/1995. S. 367 – 394.

Forschungsinstitut Betriebliche Bildung (fbb) gGmbH (2007): Produktiv und innovativ im demographischen Wandel! Wege zu einer zukunftsfesten Personalpolitik – ein Leitfaden. Nürnberg.

Freiling, Jörg (2001): Resource-based View und ökonomische Theorie. Grundlagen und Positionierung des Ressourcenansatzes. Wiesbaden. Deutscher Universitätsverlag.

Freiling, Jörg; Gersch, Martin; Goeke, Christian (2006): Eine „Competence- based Theory of the Firm“ als marktprozesstheoretischer Ansatz. Erste disziplinäre Basisentscheidungen eines evolutorischen Forschungsprogramms. In: Schreyögg, Georg; Conrad, Peter (Hrsg.): Management von Kompetenz. Managementforschung 16. Wiesbaden. Gabler. S.37 – 82.

Freiling, Jörg; Gersch, Martin; Goeke, Christian (2006): Notwendige Basisentscheidungen auf dem Weg zu einer Competence-based Theory of Firm. In: Burmann, Christoph; Freiling, Jörg; Hülsmann, Michael (Hrsg.): Neue Perspektiven des Strategischen Kompetenz-Managements. Wiesbaden. Universitätsverlag.

Frerichs, Frerich (1998): Älter werden im Betrieb. Beschäftigungschancen und –risiken im demographischen Wandel. Opladen.

Frerichs, Frerich (1999): Der Einsatz älterer Mitarbeiter im Betrieb. In: Frerichs, Frerich (Hrsg.) angewandte Arbeitswissenschaft. Nr. 159. Köln. S. 1 – 18.

Frerichs, Frerich (2005): Das Arbeitspotenzial älterer Mitarbeiterinnen und Mitarbeiter im Betrieb. In: Loebe, Herbert; Severing, Eckart (Hrsg.): Wettbewerbsfähig mit alternden Belegschaften. Betriebliche Bildung und Beschäftigung im Zeichen des demographischen Wandels. Bielefeld. W. Bertelsmann. Band 34. S. 49 – 57.

Fried, Andrea (2005): Was erklärt die Resource- based View of the Firm? In: Moldaschl, Manfred: Immaterielle Ressourcen. Nachhaltigkeit von Unternehmensführung und Arbeit I. Reihe Arbeit, Innovation und Nachhaltigkeit, Band 3. München, Mering. Rainer Hampp. S. 143 – 176.

Fuchs, Johann; Dörfler, Katrin (2005): Projektion des Arbeitsangebotes bis 2050. Demographische Effekte sind nicht mehr zu bremsen. IAB Kurzbericht. Ausgabe Nr. 11. Nürnberg.

Fuchs, Johann; Walwei, Ulrich; Weber, Brigitte (2005): Die „Stille Reserve“ gehört ins Bild vom Arbeitsmarkt. Arbeitsmarkanalyse. IAB Kurzbericht. Ausgabe Nr. 21. Nürnberg.

Graf, Andrea (1998): Personalentwicklung und Unternehmenskultur. Dissertation. Frankfurt am Main. Technische Universität zu Braunschweig.

Graf, Anita (2002): Lebenszyklusorientierte Personalentwicklung. Ein Ansatz für die Erhaltung und Förderung von Leistungsfähigkeit und –bereitschaft während des gesamten betrieblichen Lebenszyklus. Berner betriebswirtschaftliche Schriften. Bern, Stuttgart, Wien. Haupt. Band 29.

Gratton, Lynda (1999): People Processes as a Source of Competitive Advantage. In: Gratton, Lynda.; Hope-Hailey, Veronica; Stiles, Philip; Truss, Catherine. (Hrsg.); Strategic Human Resource Management: Corporate Rhetoric and Human Reality. Oxford.University Press. S. 170 – 198.

Gröne, Thorsten (2004): Effizientes Kompetenzmanagement. In: Altmann, Jörn (Hrsg.): Effizientes Kompetenzmanagement in Unternehmen - Ergebnisse einer Studie des Institutes für Europäische Wirtschaftsstudien IEWS Reutlingen inklusive Konzeption einer operativen Gestaltungsempfehlung. Stuttgart. Ibidem Verlag.

Grünheid, Evelyn (2003): Aus Forschung und Lehre: Junge Frauen in Deutschland – Hohe Ausbildung contra Kinder? In: Bundesinstitut für Bevölkerungsforschung beim Statistischen Bundesamt (Hrsg.): BiB- Mitteilungen. Informationen aus dem Bundesinstitut für Bevölkerungsforschung beim Statistischen Bundesamt. Bonn. Statistisches Bundesamt. 24. Jg. Nr. 01/2003. S. 9 – 15.

Hamel, Gary; Prahalad, Coimbatore K. (1994): Competing for the future. Boston. Mass.

Heyse, Volker; Ortmann, Stefan (2008): Talentmanagement in der Praxis. Münster

Hiemstra, Roger (1976): Older Adult Learning: Instrumental and Expressive Categories. In: Educational Gerontology. Heft 1. Taylor and Francis Group. S. 227 – 236.

Hirschenauer, Franziska (2007): Regionale Arbeitsmarktlage der Älteren: Arbeiten bis 65 – längst noch nicht die Regel. IAB Kurzbericht. Ausgabe Nr. 25. Roggentin.

Hofbauer, Hans (1982): Materialien zur Situation älterer Erwerbspersonen in der Bundesrepublik Deutschland. In: Institut für Arbeitsmarkt- und Berufsforschung der Bundesanstalt für Arbeit (Hrsg.) Mitteilungen aus der Arbeitsmarkt- und Berufsforschung. 15. Jg. 02/1982. Nürnberg. S. 99 – 110.

Huber, Andreas; Kistler, Ernst; Papies, Udo (2002): Arbeitslosigkeit Älterer und Arbeitsmarktpolitik im Angesicht des demographischen Wandels. Ergebnisse aus der Bundesrepublik Deutschland und dem Land Berlin. Broschürenreihe: Demographie und Erwerbsarbeit. Stuttgart.

Hübner, Werner; Kühl, Alexander; Putzing, Monika (2003): Kompetenzerhalt und Kompetenzentwicklung älterer Mitarbeiter in Unternehmen. In: Arbeitsgemeinschaft Betriebliche Weiterbildungsforschung e. V. / Projekt Qualifikations-Entwicklungs-Management (Hrsg.): QUEM- Report. Schriften zur beruflichen Weiterbildung. Heft 84. Berlin.

Hummert, Mary Lee; Garstka, Teri A.; Shaner, Jaye L.; Strahm, Sharon (1995): Judgements about Stereotypes of the Elderly: Attitudes, Age Associations, and Typicality Ratings of Young, Middle-Aged, and Elderly Adults. In: Research on Aging. 17 Jg. Nr. 02/1995. S. 168 – 189.

Ilmarinen, Juhani (2007): Towards a Better and Longer Work Life for Older Workers. Dokumentation der Tagung: Vom Defizit- zum Kompetenzmodell – Stärken älterer Arbeitnehmer erkennen und fördern. Am 18. und 19. April 2007 in Bonn. Marie-Louise und Ernst Becker Stiftung. S. 10 – 17.

Käpplinger, Bernd; Reutter, Gerhard (2005): Wege in der Kompetenzerfassung. Begründungen und Entwicklungsstränge. In: Arbeitsgemeinschaft für Betriebliche Weiterbildungsforschung (Hrsg.): Kompetenzdokumentation für informell erworbene berufsrelevante Kompetenzen. Berlin. S. 8 – 17.

Kaudela-Baum, Stephanie (2006): Strategisches Human Resource Management im Wandel. Theorien aus der Praxis. Bern, Stuttgart, Wien. Haupt. Zugl. Diss. Universität Basel. 2005.

Kinsler, Margrit (2003): Alter- Macht – Kultur: Kulturelle Alterskompetenzen in einer modernen Gesellschaft. Schriften zur Kulturwissenschaft. Bd. 49. Hamburg. Dr. Kunz Verlag.

Kistler, Ernst (2005): Ein pfleglicher Umgang mit den Humanressourcen tut Not. In: Loebe, Herbert; Severing, Eckart (Hrsg.): Wettbewerbsfähig mit alternden Belegschaften. Betriebliche Bildung und Beschäftigung im Zeichen des demographischen Wandels. Band 34. Bielefeld. W. Bertelsmann. S. 25 – 38.

Kite, Mary E.; Johnson, Blair T. (1988): Attitudes Toward Older and Younger Adults: A meta-analysis. Psychology and Aging. 3 Jg. Nr. 03/1988. S. 233 – 244.

Kluge, Friedrich (1999): Etymologisches Wörterbuch der deutschen Sprache. 23. erw. Aufl. Berlin, New York.

Knuth, Matthias (2008): Aktuelle Ergebnisse des „Altersübergangs-Monitors“ – GVG-Ausschuss „Alterssicherung“. Institut für Arbeit und Qualifikation. IAQ. Köln.

Koch, Beate (2006): Alternde Belegschaften. In: Fraunhofer-Gesellschaft (Hrsg.): Fraunhofer Magazin. Ausgabe Nr. 3. München. S. 58 – 59.

Koller, Barbara; Plath, Hans-Eberhard (2000): Qualifikation und Qualifizierung älterer Arbeitnehmer. In: Mitteilungen aus der Arbeitsmarkt- und Berufsforschung. 33. Jg. Nr. 01/2000. Nürnberg. S. 112 – 125.

Kröhnert, Steffen; Medicus, Franziska; Klingholz, Reiner (2006): Die demographische Lage der Nation. Wie zukunftsfähig sind Deutschlands Regionen?. Berlin-Institut für Bevölkerung und Entwicklung (Hrsg.) München. Dtv.

Kruse, Andreas (2000): Psychologische Beiträge zur Leistungsfähigkeit im mittleren und höheren Erwachsenenalter – eine ressourcenorientierte Perspektive. In: Rothkirch, Christoph von (Hrsg.): Altern und Arbeit: Herausforderung für Wirtschaft und Gesellschaft: Beiträge, Diskussionen und Ergebnisse eines Kongresses mit internationaler Beteiligung. Berlin. Edition Sigma. S. 72 – 87.

Kunzmann, Christine (2005): Konzeption von Skills-Management-Instrumenten für die Bildungsplanung in der Pflege am Städtischen Klinikum Karlsruhe. Pforzheim. Diplomarbeit Hochschule Pforzheim.

Kuwan, Helmut; Thebis, Frauke (2004): Berichtssystem Weiterbildung IX. Ergebnisse der Repräsentativbefragung zur Weiterbildungssituation in Deutschland. Durchgeführt im Auftrag des Bundesministeriums für Bildung und Forschung. München.

Lam, Simon S. K.; Schaubroeck, John (1998): Integrating HR planning and Organisational Strategy. In: Human Resource Management Journal. 8 Jg. Nr. 03/1998. S. 5 – 19.

Lehr, Ursula (1996): Psychologie des Alterns. 8. Auflage. Wiesbaden. Quelle & Meyer.

Lehr, Ursula (1997): Der veränderte Lebenszyklus – Die biologische Uhr läuft konträr zur sozialen Uhr. In: Kayser, Friedrich; Uepping, Heinz (Hrsg.): Kompetenz der Erfahrung, Personalmanagement im Zeichen demographischen Wandels. Neuwied, Kriftel, Berlin. Luchterhand. S. 67 – 76.

Lehr, Ursula (2000): Psychologie des Alterns 9. Auflage. Wiebelsheim. Quelle & Meyer.

Lehr, Ursula (2003): Psychologie des Alterns. 10. Auflage. Wiebelsheim. Quelle & Meyer.

Lepak, David P.; Snell, Scott A. (2003): Managing the Human Resource Architecture for Knowledge-based Competition. In: Jackson, Susan E.; Hitt, Michael A.; DeNisi, Angelo S. (Hrsg.): Managing Knowledge for Sustained Competitive Advantage. San Francisco. Jossey-Bass. S. 127 – 154.

Liebel, Hermann J.; Oechsler, Walter A. (1994): Handbuch Human- Resource- Management. Wiesbaden. Gabler.

Mabey, Christopher; Salaman, Graeme.; Storey, John (1998): Strategic Human Resource Management: the Theory of Practice and the Practice of Theory. In: Mabey, Christopher; Salaman, Graeme; Storey, John (Hrsg.): Strategic Human Resource Management: A Reader. London, Thousand Oaks. Sage Publications. S. 1 – 13.

Mahoney, Joseph T.;Pandian Rajendran J. (1992): The Resource-Based View within the Conversation of Strategic Management. Strategic Management Journal. 13 Jg. Nr.5. S. 363 – 380.

Maier, Gabriele (2001): Aspekte der Leistungsfähigkeit älterer Arbeitnehmer. In: Fuchs, Gerhard ; Renz, Christian (Hrsg.): Altern und Erwerbsarbeit: Workshopdokumentation. In: Arbeitsbericht Nr. 201. Akademie für Technikfolgenabschätzung in Baden-Württemberg. Stuttgart. S. 32 – 45.

Maintz, Gunda (2003): Leistungsfähigkeit älterer Arbeitnehmer. In: Badura, Bernhard; Schellschmidt, Henner; Vetter, Christian (Hrsg.): Fehlzeiten-Report. Zahlen, Daten, Analysen aus allen Branchen der Wirtschaft, Demographischer Wandel: Herausforderung für die betriebliche Personal- und Gesundheitspolitik. Berlin, Heidelberg, New York. Springerverlag. S. 43 – 55.

Marr, Rainer (1987): Strategisches Personalmanagement – Des Kaisers neue Kleider? In: Lattmann, Charles (Hrsg.): Personal-Management und Strategische Unternehmensführung. Heidelberg. Physica. S. 13 – 23.

Maurer, Todd J. (2001): Career-relevant learning and development, worker age, and beliefs about self-efficacy for development. In: Journal of Management. 27 Jg. Nr. 02/2001. S. 123 – 140.

Mayer, Karl-Ulrich; Baltes, Paul B. (1999): Die Berliner Altersstudie. 2 Aufl. Berlin. Akademie.

Mendius, Hans G. (2002): Demographischer Umbruch, Arbeitswelt und sozialwissenschaftliche Arbeitsmarktforschung – Einordnung, Fragen, Thesen. In: Kistler, Ernst; Mendius Hans G. (Hrsg.): Demographischer Strukturbruch und Arbeitsmarktentwicklung. Probleme, Fragen, erste Antworten. SAMF- Jahrestagung 2001. Broschürenreihe: Demographie und Erwerbsarbeit. Stuttgart. S. 20 – 47.

Menges, Ulrich (2000): Ältere Mitarbeiter als betriebliches Erfolgspotenzial. Unternehmensführung und Personalwirtschaft. Band 11. Köln. Wirtschaftsverlag Bachem. Zugl. Diss. Universität Düsseldorf. 2000.

Mildenberger, Udo (2002): Wissensmanagement versus Kernkompetenzmanagement. Ein Versuch der Abgrenzung. In: Bellmann, Klaus; Freiling, Jörg; Hammann, Peter: Aktionsfelder des Kompetenz-Managements : Ergebnisse des II. Symposiums Strategisches Kompetenz-Management. Wiesbaden. Dt. Univ.-Verlag.

Moldaschl, Manfred (2005): Nachhaltigkeit von Arbeit und Unternehmensführung. Eine integrative potentialorientierte Perspektive. In: Moldaschl, Manfred (Hrsg.): Immaterielle Ressourcen. Nachhaltigkeit von Unternehmensführung und Arbeit I. Reihe Arbeit, Innovation und Nachhaltigkeit, Band 3. München, Mering. Rainer Hampp. S. 19 – 46.

Moldaschl, Manfred (2007): Kompetenzvermögen und Untergangsfähigkeit – Zur Kritik und Revision der Theorie Strategischen Kompetenzmanagements. In: Freiling, Jörg; Gemünden, Hans G. (Hrsg.): Jahrbuch Strategisches Kompetenzmanagement. Band 1: Dynamische Theorien der Kompetenzentstehung und Kompetenzverwertung im strategischen Kontext. München. Mering, Rainer Hampp. S. 3 – 48.

Mühlbacher, Jürgen M. (2007): Kompetenzmanagement als Grundlage strategischer Wettbewerbsvorteile. Wien. Linde Verlag.

Müller, Werner R. (2006): Geleitwort. In: Kaudela- Baum, Stephanie (Hrsg.): Strategisches Human Resource Management im Wandel. Theorien aus der Praxis. Bern, Stuttgart, Wien. Haupt. Zugl. Diss. Universität Basel.2005. S. 2

Münz, Rainer (2002): Deutschlands Bevölkerung zwischen 1900 und 2050. In: Kistler, Ernst; Mendius, Hans G. (Hrsg.): Demographischer Strukturbruch und Arbeitsmarktentwicklung - Probleme, Fragen, erste Antworten – SAMF- Jahrestagung 2001. Broschürenreihe: Demographie und Erwerbsarbeit. Stuttgart. S. 112 – 119. Fraunhofer- IRB- Verlag.

Muller, Michael; Lundblad, N.; Mayrhofer, Wolfgang; Söderstrom, M. (1999): A Comparison of Human Resource Management Practices in Austria, Germany and Sweden. In: Zeitschrift für Personalforschung. Rainer Hampp. 13. Jg. Nr. 01/1999, S. 67 – 81.

Munz, Sonja; Ochel, Wolfgang (2001): Fachkräftebedarf bei hoher Arbeitslosigkeit – Studie im Auftrag des Bundesministeriums des Inneren. Dez. 2000 – März 2001. Endbericht. Institut für Wirtschaftsforschung. München.

Nienhüser, Werner (2002): Alternde Belegschaften – betriebliche Ressource oder Belastung? Betriebliche Probleme und Problemhandhabungen in unterschiedlichen Human- Resource- Management- Systemen. In: Behrend, Christoph (Hrsg.): Chancen für die Erwerbsarbeit im Alter- Betriebliche Personalpolitik und ältere Erwerbstätige. Opladen. Leske + Budrich. S. 63 – 85.

North, Klaus; Reinhardt, Kai (2005): Kompetenzmanagement in der Praxis. Mitarbeiterkompetenzen systematisch identifizieren, nutzen und entwickeln. Wiesbaden. Gabler.

Oechsler, Walter A. (2000): Personal und Arbeit: Grundlagen des Human-Resource-Management und der Arbeitgeber-Arbeitnehmer-Beziehungen. 7. Aufl. München, Wien. Oldenbourg.

Pack, Jochen; Buck, Hartmut; Kistler, Ernst; Mendius, Hans G.; Morschhäuser, Martina; Wolff, Heimfrid (2000): Zukunftsreport demographischer Wandel – Innovationsfähigkeit in einer alternden Gesellschaft. Veröffentlichung aus dem Forschungsschwerpunkt demographischer Wandel. Bonn. Bundesministerium für Bildung und Forschung.

Penrose, Edith T. (1959): The Theory of the Growth of the Firm. Oxford. Blackwell.

Petrenz, Johannes (1999): Alter und berufliches Leistungsvermögen. In: Gussone, Max; Huber, Achim; Morschhäuser, Martina; Petrenz, Johannes (Hrsg.): Ältere Arbeitnehmer: Altern und Erwerbsarbeit in rechtlicher, arbeits- und sozialwissenschaftlicher Sicht. Frankfurt am Main. Bund-Verlag. S. 63 – 99.

Pfeffer, Jeffery. (1996): Competitive Advantage through People: Unleashing the Power of the Work Force. Boston, Massachusetts. Harvard Business School Press.

Piel, Edgar (1989): "Ältere" oder "Alte" sind relative Begriffe. In: Planung und Analyse. 16 Jg. Nr.02/1989. S. 52 – 54.

Pötzsch, Olga (2007): Geburten in Deutschland. Wiesbaden. Statistisches Bundesamt.

Prahalad, Coimbatore K.; Hamel, Gary (1990): The Core Competence of the Corporation. In: Harvard Business Review, May-June 1990, Jg. 68. Nr. 3. S. 79 – 91.

Probst, Gilbert J. B.; Deussen, Arne; Eppler Martin J.; Raub, Steffen P. (2000): Kompetenz-Management. Wie Individuen und Organisationen Kompetenzen entwickeln. Wiesbaden. Gabler.

Reinberg, Alexander; Hummel Markus (2003): Steuert Deutschland langfristig auf einen Fachkräftemangel zu? Bildungspolitik. IAB-Kurzbericht. Ausgabe Nr. 9. Nürnberg.

Reinhardt, Kai (2004): Studie betriebliches Kompetenzmanagement. Chancen und Herausforderungen für die Praxis. Magdeburg. Fraunhofer IFF.

Reinhardt, Kai (2007): Kompetenzen steuern. Modell des integrativen Kompetenzmanagements. Personalmanagement. H. 3/2007, S. 32 – 37. Wiesbaden. Gabler.

Remer, Andreas (1978): Personalmanagement: Mitarbeiterorientierte Organisation und Führung von Unternehmungen. Berlin [u.a.]. De Gruyter.

Richenhagen, Gottfried (2004): Demographischer Wandel: Gesünder arbeiten bis ins Alter. Aufgaben und Lösungsansätze einer zukunftsorientierten Personalpolitik angesichts des demographischen Wandels. In: Personalführung. 37. Jg. 02/2004. S. 60 – 69.

Ridder, Hans-Gerd (1996): Human Resource Management: Leitideen für die Personalarbeit der Zukunft. In: Bruch, Heike; Eickhoff, Martin; Thiem, Henning (Hrsg.): Zukunftsorientiertes Management. Frankfurt. Frankfurter Allgemeine Zeitung. S. 263 – 283.

Ridder, Hans-Gerd; Bruns, Hans-Jürgen (2002): Strategische Personalentwicklung und nachhaltige Wettbewerbsvorteile – Kompetenzmanagement aus ressourcenorientierter Sicht. In: Becker, Manfred; Schwertner Anke (Hrsg.): Personalentwicklung als Kompetenzentwicklung. München, Mering. Rainer Hampp. S. 97 – 121.

Ridder, Hans-Gerd; Conrad, Peter; Schirmer, Frank; Bruns, Hans-Jürgen (2001): Strategisches Personalmanagement. Mitarbeiterführung, Integration und Wandel aus ressourcenorientierte Perspektive. Landsberg am Lech. Moderne Industrie.

Ringlstetter, Max J.; Kaiser, Stephan (2008): Humanressourcen-Management. München. Oldenbourg.

Röhr-Sendlmeier, Una (1990): Lernen im Alter- Der neue Forschungsstand. In: Geißler, Erich E. (Hrsg.): Bildung für das Alter – Bildung im Alter. Bonn. Bouvier. S. 137 – 148.

Roloff, Juliane (2003): Demographischer Faktor. Wissen 3000. Hamburg, Europäische Verlagsanstalt.

Rump, Jutta (2003): Alter und Altern- Die Berücksichtigung der Intergenerativität und der Lebensphasenorientierung. In: Wächter, Hartmut (Hrsg.): Personelle Vielfalt in Organisationen. München, Mering. Rainer Hampp. S. 153 – 171.

Sabel, Herbert (1997): Ältere Menschen im Wirtschaftsleben – Eine empirische Untersuchung. In: Kayser, Friedrich; Uepping, Heinz (Hrsg.): Kompetenz der Erfahrung. Personalmanagement im Zeichen demographischen Wandels. Neuwied, Kriftel, Berlin. Luchterhand. S. 140 – 151.

Sarges, Werner (2002): Competencies statt Anforderungen – nur alter Wein in neuen Schläuchen? In: Riekhof, Hans C. (Hrsg.): Strategien der Personalentwicklung. 5.Auflage. Gabler. Wiesbaden. S. 258 – 300.

Saup, Wienfried (1989): Altern und Umwelt. Serie: Fernuniversität Hagen: Studien- und Lehrmaterial.

Schäfer, Holger; Seyda, Susanne (2004): Arbeitsmärkte. In: Institut der deutschen Wirtschaft Köln (Hrsg.): Perspektive 2050- Ökonomik des demographischen Wandels. Köln. Deutscher Instituts-Verlag. S. 97 – 120.

Schäffner, Lothar (1991): Arbeit gestalten durch Qualifizierung. Ein Handbuch zu Theorie und Praxis der betrieblichen Weiterbildung. München. Lexika.

Schäffner, Lothar (2002): Der Beitrag der Veränderungforschung zur Nachhaltigkeit von Organisationsentwicklung. München, Mering. Rainer Hampp.

Schaie, K. Warner (1996): Intellectual Development in Adulthood. In: Birren, James E.; Schaie, K. Warner (Hrsg.): Handbook of Psychology of Aging. 4. Auflage. San Diego. Academic Press. S. 266 – 286.

Schlichthorn, Jochen (2005): 360°-Feedback und Wandel der Unternehmenskultur: Eine quantitative und qualitative Analyse in einem Kreditinstitut. Diplomarbeit. Bamberg. Otto-Friedrich-Universität.

Schmid, Josef (2001): Bevölkerungsentwicklung und Migration in Deutschland. In: Aus Politik und Zeitgeschichte. Nr. 43/2001. Bundeszentrale für politische Bildung.

Schnur, Peter; Zika, Gerd (2007): Arbeitskräftebedarf bis 2025: Die Grenzen der Expansion. IAB-Kurzbericht. Ausgabe Nr. 26. Nürnberg.

Scholz, Christian; Hofbauer, Wolfgang (1990): Organisationskultur. Die vier Erfolgsprinzipien. Wiesbaden. Gabler.

Schöni, Walter (2001): Praxishandbuch Personalentwicklung: Strategien, Konzepte, und Instrumente. Chur, Zürich. Rüegger.

Schreyögg, Georg (1999): Grundlagen moderner Organisationsgestaltung. 3. Auflage. Wiesbaden. Gabler.

Schreyögg, Georg (2000): Kommentar: Theorien organisatorischer Ressourcen. In: Ortmann, Günther, Sydow; Jörg; Türk, Klaus (Hrsg.): Theorien der Organisation: die Rückkehr der Gesellschaft. 2. Auflage. Wiesbaden. Westdeutscher. S. 481 – 486.

Schreyögg, Georg; Steinmann, Horst (2000): Management. Grundlagen der Unternehmensführung. Konzepte, Funktionen, Fallstudien. 5. Auflage. Wiesbaden. Gabler.

Schubert, Andreas; Brüggen, Tobias vor der; Haferburg, Marco (2008): Sicher-ung der Zukunfts- und Wettbewerbsfähigkeit von Unternehmen durch Verbesserung qualitativer humanressourcenorientierter Kriterien. Abschlussbericht zum Forschungsprojekt F 2127. Köln.

Schuler, R. S. (1992): Strategic Human Resources Management: Linking People with the Strategy Needs of the Business. In: Organization Dynamics. 21. Jg. Nr. 01/1997. S. 18 – 32.

Schulz, Erika (2000): Migration und Arbeitskräfteangebot in Deutschland bis 2050. In: DIW-Wochenbericht Volume 67/2000 Issue 48. Berlin. S. 809 – 817.

Schuster- Oeltzschner, Martin (1991): Lernen und Weiterbildung. In: Oswald, Wolf D.; Herrmann, Werner M.; Kanowski, Siegfried; Lehr, Ursula; Thomae, Hans (Hrsg.): Gerontologie: Medizinische, psychologische und sozialwissenschaftliche Grundbegriffe. 2. Auflage. Stuttgart. S. 329 – 339.

Siegrist, Johannes (1995): Medizinische Soziologie. 5. Auflage. München, Wien, Baltimore. Urban & Schwarzenberg.

Sigrun-Heide Filipp; Dieter Ferring (1989): Zur Alters- und Bereichsspezifität subjektiven Alterserlebens. In: Zeitschrift für Entwicklungspsychologie und Pädagogische Psychologie. 21 Jg. Nr. 04/1989. S. 279 – 293.

Skowronek, Helmut (1975): Lernen und Lernfähigkeit. 6 . Aufl. München. Juventa.

Spender, J.-C. (1994): Organizational Knowledge, Collective Practice and Penrose Rents. International Business Review. 3. Jg. Nr.04/1994. S. 353 – 367.

Staehle, Wolfgang H. (1988): Human Ressource Management. In: ZfB 58/1988, S. 576 – 587.

Staehle, Wolfgang H. (1989): Human Resource Management und Unternehmungsstrategie. In: Allmendinger, Jutta; Buttler, Friedrich; Franz, Wolfgang; et. al. (Hrsg.): Institut für Arbeitsmarkt- und Berufsforschung (IAB): Mitteilungen aus der Arbeitsmarkt- und Berufsforschung. Nürnberg. Kohlhammer. 22. Jg. Nr.03/1989. Sonderdruck. S. 388 – 396.

Staehle, Wolfgang H. (1999): Management. 8. Auflage. München. Vahlen

Staehle, Wolfgang H.; Conrad, Peter (1999): Management. Eine verhaltenswissenschaftliche Perspektive. 8.Aufl. München. Vahlen.

Storey, John (1995): Human Resource Management: A Critical Text. London, New York. Routledge.

Strauss, Jürgen (2004): Älterwerden in der Arbeit und die Zukunft von Belegschaften. Bausteine zu einem gewerkschaftspolitischen Konzept „Demographischer Wandel und Arbeitswelt“. In: Busch, Rolf (Hrsg.): Altersmanagement im Betrieb. München, Mering. Rainer Hampp Verlag . S. 185 – 193.

Struß, Nicola; Thommen, Jean-Paul (2004): Fit machen für den demographischen Wandel. In: Personal – Zeitschrift für Human Ressource Management. 56. Jg. Nr. 06/2004. S. 14 – 17.

Thomae, Hans (1987): Kompetenz älterer Menschen und ihre Bedeutung für die Familie. In: Thomae, Hans; Kruse, Andreas; Wilbers, Joachim (Hrsg.): Kompetenz und soziale Beziehungen im Alter. Deutsches Jungendinstitut. Band 2. München. S. 1 – 102.

Thomae, Hans (1989): Veränderung der Zeitperspektive im mittleren und höheren Erwachsenenalter. In: Zeitschrift für Gerontologie. Nr. 22/1987. S. 142 – 150.

Thomae, Hans (1993): Die Bonner Gerontologische Längsschnittstudie (BOLSA) In: Zeitschrift für Gerontologie. Nr. 26/1993. S. 58 – 66.

Tichy, N. M.; Fombrun, Ch. J.; Devanna, M. A. (1982): Strategic Human Resource Management. In: Sloan Management Review. Nr. 2. S. 47 – 61.

Voelpel, Sven; Leibold, Marius; Früchtenicht, Jan-Dirk (2007): Herausforderung 50 plus. Konzepte zum Management der Aging Workforce. Die Antwort auf das demographische Dilemma. Erlangen. Publicis, Wiley-VCH.

Weinert, Franz E. (2001): Concept of Competence. A Conceptual Clarification. In: Rychen, Dominique S.; Salganik, Laura H. (Hrsg.): Defining and Selecting Key Competencies. Göttingen. Hogrefe. S. 45 – 65.

Weissengerber- Eibl, Marion (2000): Wissensmanagement als Instrument der strategischen Unternehmensführung in Unternehmensnetzwerken. München. Transferzentrum für Produktionslogistik und Technologiemanagement.

Weissengerber- Eibl, Marion; Kölbl, Selma (1994): Strategisches Kompetenzmanagement als Aufgabe des Human Ressource Managements. In: Burmann, Christoph; Freiling, Jörg; Hülsmann, Michael (Hrsg.): Neue Perspektiven des Strategischen Kompetenz-Managements. Wiesbaden. Deutscher Universitätsverlag. S. 351 – 372.

Wenke, Jochen; Reglin, Thomas (1996): Berufliche Weiterbildung für ältere Arbeitnehmer. Ein Leitfaden für Bildungsträger, Dokumentation zum Modellversuch „Entwicklung und Erprobung von Qualifizierungskonzepten für ältere Arbeitnehmer aus der Industrie". Berufliche Fortbildungszentren der Bayerischen Arbeitgeberverbände e. V. Wirtschaft und Weiterbildung. Band 10. Bielefeld. Bertelsmann.

White, Robert W. (1959). Motivation Reconsidered. The Concept of Competence. Psychological Review. 66 Jg. S. 297 – 330.

Winterstein, Hans; Hofmann, Heidi (2006): Wege zu einer nachhaltigen Personalpolitik. Informationen und Angebote zur Lösung personalpolitischer Herausforderungen. München, Nürnberg.

Wollert, Artur (1998): Anpassungsreserve oder Potential für Innovationen? Wer ältere Mitarbeiter nur als Flexibilitätsreserve par excellence ansieht, ignoriert wichtige Erfahrungen für Innovationen im Betrieb. In: Personalführung. 31. Jg. 01/1998. S. 32 – 35.

Woodruffe, Charles (1993): What is Meant by Competency? Leadership & Organization Development Journal, 14 Jg. Nr.1. S. 29 – 36.

Woodruffe, Charles (2003): Development and Assessment Centres. Identifying and Assessing Competence. 3rd Edition, 2nd Reprint. London. Chartered Institute of Personnel and Development.

Wright, Patrick. M.; Snell, Scott. A. (1998): Toward a Unifying Framework for Exploring Fit and Flexibility in Strategic Human Resource Manangement. In: Academy of Management Review. 23. Jg. Nr. 4. S. 756 – 772.

Wunderer, Rolf; Kuhn, Thomas. (1995): Unternehmerisches Personalmanagement – Zentraler Ansatzpunkt zur Förderung unternehmerischen Verhaltens. In: Wunderer, Rolf; Kuhn, Thomas. (Hrsg.): Innovatives Personalmanagement. Theorie und Praxis unternehmerischer Personalarbeit. Neuwied. Luchterhand. S. 3 – 20.

Aus unserem Verlagsprogramm:

Karolina Simonić
Humankapitalinvestitionen in Unternehmen
Hamburg 2010 / 362 Seiten / ISBN 978-3-8300-4694-3

Michael Jung
Erlebnisorientierung als Erwerbsorientierung
Subjektivierung und Flexibilisierung von Erwerbsarbeit in der öffentlichen Verwaltung und der Industrie
Hamburg 2009 / 582 Seiten / ISBN 978-3-8300-4547-2

Thomas Wachter
Anreizstrukturen in der betrieblichen Berufsausbildung
Hamburg 2008 / 478 Seiten / ISBN 978-3-8300-4052-1

Christian Jäkel
Mono- und multikulturelle Teams in der Unternehmung
Einsatzmöglichkeiten unter Effizienz- und Effektivitätsgesichtspunkten
Hamburg 2008 / 340 Seiten / ISBN 978-3-8300-4079-8

Anja Mücke
Personalführung und Alter
Ist Personalführung alterskritisch?
Eine Studie zur Altersattribution und zum Führungshandeln von Linienvorgesetzten in Schweizer Unternehmen
Hamburg 2008 / 398 Seiten / ISBN 978-3-8300-3788-0

René Peters
Die Diffusion von Personalinnovationen
Eine organisationstheoretische Fundierung und empirische Analyse am Beispiel von Aktienoptionsplänen
Hamburg 2008 / 462 Seiten / ISBN 978-3-8300-3797-2

Heiko König
Familienbewusste Personalpolitik in Unternehmen
Theoretische Ansätze und empirische Analysen
Hamburg 2008 / 166 Seiten / ISBN 978-3-8300-3544-2

Christiane Meier-Dörzenbach
Die erfolgreiche Reintegration von Expatriates
Motivationale und organisationale Einflussfaktoren
Hamburg 2008 / 362 Seiten / ISBN 978-3-8300-3578-7

VERLAG DR. KOVAČ
FACHVERLAG FÜR WISSENSCHAFTLICHE LITERATUR
Postfach 570142 · 22770 Hamburg · www.verlagdrkovac.de · info@verlagdrkovac.de